茶風系列

FORMOSA TEA

包種茶

池宗憲◆著

「茶風」宣言

總策劃 池宗憲

品茶可以是輕鬆平凡事，也可以用心喝出清香和品味。

品茶要得好滋味，貴在好茶、好水之外，還要有一顆對茶的好心情，才能凝精聚神細細的由茶的實體抽離出意象；才能穿透茶的種植、製作工序找到滋味與含脈！

那麼，深深解構茶的每一細節，便成能茶痴的基石，可惜的是，短缺了一份深入淺出對茶的認識與解析，就少了一份對茶集合天時、地利、人和多元變化的瞭解，就無法深思品茶原來潛藏了婀娜多彩的面貌！

「茶文化大系」是以一份尊敬茶的心情所編寫，所籌劃的！係用最淺顯的文字記述茶在多元變動因素中如何脫穎而出？並期待帶給華人品飲藝術的一份清香！

茶香飄出的系列有：

一、茶史系列。歷史不只是文字的累積，更是今人回味咀嚼往昔的伊始，本茶史系列先推出「台灣茶街」，正是透過活化歷史、重現台灣茶街要今人重返歷史現場，去吸吮茶香歲月的光華，而

來自歷史長河中的「唐代煮茶」、「宋代鬥茶」、「明清文人茶集」等都將陸續登場。

二、茶葉系列。一種茶葉一世情，一種茶葉攀附著她身上曲折離奇的身世故事，我們依序將「鐵觀音」、「普洱茶」、「烏龍茶」、「包種茶」、「武夷茶」……等風行華人世界的兩岸名茶予以系統介紹，將為每一種茶寫傳，寫出她們一世傳奇！

三、茶與生活系列。將水煮開，置茶入壺，注湯入壺，將茶湯入杯……這一道泡茶程序看似簡單卻蘊涵了如何取水、燒水、置茶的量、沖水的急慢緩急……都在細微中引動著茶香和滋味，已出版的「茶想，想茶」便是透過這一脈絡而勾勒出來泡茶與內心世界構連的關係，亦成為出版茶與生活系列的主軸。

四、茶器系列。佳茗必有好器相配，才能相得益彰。中國歷代經典茶器中，不少出自名窯，她們或在宮廷、文人雅士之間流傳把玩，亦成為今人收藏主題。本系列將以中國茶器為縱，而以時代分為緯，有系統探究每一時代品茗風格與茶器的一段不解之緣。
茶是國飲，茶香飄揚千年，你我在茶裡乾坤中，有沒有找到柔鮮？有沒有喝了口茶而能喚出她一身風情？且讓本茶文化出版系列，伴你在茶文中看得到茶的香味。

包種茶的遐思

池宗憲

　　包種茶走入世俗化的制約稱謂，以包種茶與「包中」諧音，引領著品飲遐思領域，而包種茶內蘊深遠的栽植所涵聚的飄逸清香，則成為品茗場域論述的話題。

　　說包種茶香好似村姑不施胭脂純粹有味，或只能道出包種茶表徵特質罷了，我登入包種茶的淵起與她披載外銷創匯的光耀過往時，才驚訝：包種茶在台灣茶史中出現斷層。

　　包種茶，係指用38.5X35.5兩張方紙內外相襯，放進四兩茶，然後在包裝紙上蓋上茶名或店號。兩張方紙包進了茶的清香雋永，也包出了台灣包種茶的一片外銷榮景！

　　殘留的包裝紙身上，盡是印製當時茶商的創意，引用著石版印刷、柯羅版印刷的五光十色正是包種茶商機的利器，在這批從來未曝光的包種茶包裝紙裡，才知曉一百年前的茶業已建立重視品牌，重視品質，以及防止仿冒的營運模式。

　　充分運用品牌的行銷，造就了台灣包種茶在南洋一片天，更成就了北台灣栽種包種茶和製造包種茶獨步全球的技法！

北台灣成為包種茶原料供應地，直接繁興了南港、新店、石碇、汐止、文山地區的茶業活動，在繁華的過往裡，有留存的製茶獎狀、獎章和老茶園的見證，只是這些佐證包種茶在台灣的耀眼光芒已進了荒煙地帶了。

　　我在田野調查中，發覺了包種茶再現光耀的史料，從解構包裝紙和茶行的對應關係，從一張陳朝峻的獎狀尋找茶商生活況味的故事，從一個殘留茶筒中，探視包種茶新舊交替的悲喜。

　　茶的文化產業表裡合一的內容精髓，盡在本書的陳述裡！在百年茶莊存放的包種花茶，有了歲月累聚的陳香；在石碇國小前憑弔茶農謀生買賣場地的幽情，以及在新店生態茶園裡找到堅持古法製造包種茶的繼承生命力！

　　包種茶，不應再以制約的舊習視之，她不單是「坪林」或「文山」的簡約台灣茶葉特產，她有的是積聚百年的文化資本，是台灣茶史的一顆尚未琢磨的寶石！

目　　　　錄

第一章

追憶飄香年華

第一章 追憶飄香年華

包種茶，對一般大眾而言，是有別於市場最流行的烏龍茶，一種屬於聞起來清香，茶湯顏色看來淡黃的茶種，當然有更多人想知道為何取名「包種」？

喝包種包中？

「包種」一詞，經由現代人的延伸解釋，說「包種」就是「包中」，表示若愛品這類茶種，參加功名考試會行大運，會「包中」（和「種」取諧音），事實如何。恐怕只有參加考試及喝過包種茶的人才清楚！

包種茶的由來，其實與她原本的包裝方式密不可分。遠自清代，烏龍茶是臺灣外銷主力茶，可是偏逢外銷不順暢，聰明的茶商就將烏龍茶變了一個樣，加添花入茶，然後取來兩張紙，將茶葉包成長方形外觀，包裝紙上印著茶行名稱，由於上市廣受歡迎，後來成為台茶外銷的另一生力軍。自此，長包型的茶就叫「包種茶」。

包種茶係一種通俗的「暱稱」；今天，臺灣社會俟已將包種茶說成是臺灣台北縣坪林鄉的「特產」一樣，如此對待包種茶是不夠宏觀、全面的！

文山包種茶的產地，包括新店、坪林、石碇、深坑、汐止等五鄉鎮，在過去都屬於文山行政區，日治時期又稱文山堡[1]，所以出產的茶都叫「文山茶」，而以包種茶著稱。文山茶種以青心烏龍居多，其次才是青心大冇、大葉烏龍等。文山茶農與茶商以製造高級茶為努力目標，所以採茶全部用手工，因而茶葉品質良好。坪林人自豪文山包種茶具有「香、濃、醇、韻、美」五大特色。

　　事實上，包種茶開始出現市場時，是以包種花茶的面貌問世。包種花茶就是將茶薰花[2]成品出售。有關包種茶的史料記錄如下：

---

[1]　參見延伸閱讀「文山區歷史沿革」

[2]　薰花又稱窨花，指茶葉和香花進行拼合薰製，使茶葉吸收花香而製成香茶。明代錢椿年《茶譜》(1539)提到：木樨、茉莉、玫瑰、薔薇、蘭蕙、橘花、梔子、木香、梅花皆可作茶。明代顧元慶《茶譜》(1541)記錄了古時蓮花茶的製作：蓮花茶，於日未出時，將半含蓮花撥發，放細茶一撮納滿蕊中，以麻略扎，令其經宿，次早摘花傾出，用紙包茶焙乾，再如前法，又將茶葉入別蕊中，如此者數次，取者焙乾收用，不勝香美。現代花茶則主要有茉莉花茶、玫瑰花茶、白蘭花茶、珠蘭花茶、玳玳花茶、金銀花茶、柚子花茶、桂花茶等，主要產於福建、江蘇、浙江、重慶、四川、廣西、廣東、湖南等地。窨花方法有箱窨、圍窨、堆窨和機窨。箱窨時每箱裝拌和茶花5-10千克，箱高20-25釐米。圍窨用篾帘圍成的囤圍薰製花茶，囤高約40釐米，小囤直徑150釐米，容茶坯150-200千克；大囤約250釐米，容茶坯300-350千克。一般氣溫高時用小囤，氣溫低時用大囤。堆窨是在木地板上將茶坯堆成長方形的窨堆來薰製。窨堆堆成長方形，寬1-1.5米，長視地形而定，靜置過程10-12小

鼻煙壺的靈感

　　中國福建福州[3]是最早的發源地。《烏龍茶及包種茶製造學》記錄：「咸豐初年(1852)，當時有北平煙莊，因福建鼻煙[4]甚富盛名，煙莊為提高鼻煙之香氣，曾在長樂縣利用茉莉花薰製鼻煙，結果煙味特別優良；其後茶商起而仿效，亦試以茉莉花[5]薰茶，結果甚佳，遂有花茶之問世焉。茉莉花傳入福州，初植於北門戰坂一帶，後以長樂一帶因植花供薰茶之用，獲利頗豐，供不應求。於是福州

時。機窨是用窨花機器窨製花茶，為大量生產作業。茶、花由各自的輸送帶按比例輸出，並混和鋪展在板上靜置。
資料來源：陳宗懋，《中國茶葉大辭典》，2000，中國輕工業出版社

[3] 福州市是福建省省會，位於中國東南沿海閩江入海口，轄六縣二市五區，158個鄉鎮，2477個村，地屬亞熱帶海洋性季風氣候，年平均溫攝氏19.6度，降雨量1342.5公釐。福州茶產業歷史悠久，唐《地理志》記載，福州貢臘面茶，蓋建茶末盛前也。
資料來源：http://www.8min.com.cn/fjagri/fzagri.htm

[4] 鼻煙的原料是煙草，而原產地在美洲。1492年哥倫布發現新大陸以後，美洲的煙草開始流傳到世界各地。在煙草中加入麝香等名貴香辛藥材，並在密封的蠟丸中陳化數年或數十年就成了鼻煙。鼻煙有紫黑、老黃、嫩黃等多種顏色，鼻煙氣味醇厚、辛辣，具有明目、提神、活血之功效。鼻煙傳入中國後，中國人原本利用傳統藥瓶盛放鼻煙，後來演變出材質與形制多變的鼻煙盛具，稱為「鼻煙壺」。
資料來源：http://www.cnsnuffbottle.com/yh.jj/

[5] 宋代以前就有用茉莉花窨的記錄。南宋施岳《步月・茉莉》詞：茉莉嶺表所產…此花四月開直至桂花時尚有玩芳味，古人用此花焙茶。著名產地有福州、蘇州、金華、成都、桂林、廣州等。
資料來源：陳宗懋，《中國茶葉大辭典》，2000，中國輕工業出版社

農民爭相種植。且福州交通便利，爲福建省會所在，地方安靖，茶商多喜設莊於此，由各地運茶來此薰花，是以福州遂成爲花茶著名產地。」

包種花茶，拜「鼻煙」之賜而成爲獨樹風格的茶葉品種。包種花茶的關鍵在薰花，當時臺灣茶受到不景氣波及，使得烏龍茶滯銷。臺灣茶商想改製包種花茶來突破窘境，可惜當時臺灣本地卻沒有薰花原料，只好將茶運往福州加工，並將加工後的茶改稱「花香茶」！1870年出版之《淡水廳誌》記載：石碇、拳山二堡居民，多以植茶爲業；道光年間，各商運茶往福州售賣。

文獻記錄的風光往事，敵不過無情市場的淘洗，「包種花茶」或是「花香茶」都已成歷史記錄。

目前，消費市場中對於不加花的素茶品用者，他們是只求茶眞味的消費者，這族群是很難想像「花香茶」在當時的流行。留存史料的冰冷，還不及這件當時裝著花茶販售的茶罐，她是活見證。

「清香雪」的茶情

我收藏一件二十世紀「福州福勝春茶莊」的用馬口鐵製成的茶罐。罐上有穿著二十世紀二零年代風格旗袍裝扮的仕女，她優雅持

著茶杯，那面上寫著「清香雪」。只見她那一副沈醉在茶香的模樣兒，就很容易激起消費慾望，類似這種宣傳廣告手法，雷同當時香菸廣告月份牌美女[6]的風情。

以茶葉爲訴求的這款廣告畫市場流存不多。因爲茶葉罐材質是馬口鐵罐保存不易，加上使用者不會刻意保留下來，因此流傳不多，更顯得她的珍奇性。我手上這件鐵罐訴說著：茶莊建立於1902年。

看來是破銅爛鐵茶葉罐，卻是今日回顧中國茶巔峰時期的活見證。茶罐寫有「福勝春茶莊」在當時各埠代理處：廈門 福聯春、天津 洪怡和、上海 泰康公司、仁川 萬聚東、新加坡 炳記、泗水 振鍊棧、南京 祥泰號、青島 復盛棧、煙台 福增春、煙台 通益恆、大連 義興成、洪聚福等代理地點和茶莊。

由上我們看到了當時茶莊販賣的網絡遍布東南亞各地的榮景。這絕非今日臺灣所見小規模茶莊的眼界，同時我認爲今人在這製作

---

[6] 「月份牌」最初出現在清末民初時代，是舶來品的推銷工具，作為商品的宣傳廣告。特聘擅繪美女的畫家，以俏麗大方的女郎為圖像，畫成千嬌百媚，萬種風情，栩栩如生。而時裝方面有各式各款，髮型式樣種種不同，都能代表某個時代的潮流。有些鞋款看起來很新潮，卻原來是現代復古。所以那些〝月份牌美女〞除了欣賞她們的花容月貌外，更是女人的時裝展覽。

資料來源：http://poetrypicture10.tripod.com/hundred01.htm

精良的茶葉罐中，更可以看出當時經營者樹立品牌的決心。

其實，在當時競爭環境中不論是福州的茶莊或臺灣茶莊，都是堅持走自己的路，打出自己的商標。由一只馬口鐵罐延伸，探析茶商的經營理念，更能瞭解當時情境：將滯銷的台茶運到福州薰製，所花費的運送成本太大，茶商為了節省成本，於是想在台灣設廠薰製，便埋下了臺灣製包種花茶的契機。

好一朵美麗的茉莉花

林馥泉記載：在台灣最早製造花茶的廠家，依據劉宗妙先生[7]記憶所及是合興茶行[8]，該號負責人為王登氏，約在清同治末年（1874年前後），合興茶行仿照福州薰花方法，採用黃枝花為料花，用以薰茶。合興茶行當時薰茶，用花量甚多，將茶薰製為「窨母」，茶葉出售時，取「窨母」若干與普通包種素茶混和，藉以提高茶

---

[7] 1945年曾擔任臺灣茶商公會會長。資料來源：《台北市茶商業同業公會會史》

[8] 有關「合興號」茶行的記錄，發刊於1897年二月四日的「臺灣日日新報」當中，一份「茶郊永和興」名簿中，有位在得勝街第一、第二、第三、第四番戶的「合興號」，所登記的「主任」（即負責人）王安定，應是與林馥泉在1956年採訪劉宗妙所追憶，有關臺灣最早製包種茶者為「合興」茶行的王登氏同一家族。
　　據劉宗妙的說法，合興茶行仿福州薰花製造花茶的時間是同治末年（1874），這與前述名簿中出現的「合興號」早了二十三年了！

葉中之香氣。當時試以外銷,獲得市場良好反應,茶價竟亦隨之提高。

合興茶行作為臺灣包種花茶的先鋒者,在今日臺灣茶史卻少被提及。我想臺灣茶葉發展歷史中,合興茶行的負責人王登氏將素茶和窨母做了適當調配,且提高了茶葉香味,也提高茶葉產值!

包種花茶進而帶動花材用料之需,當時文山堡附近的深坑、石碇曾廣植花圃,為的是提供素茶薰花之用,這也造就了北臺灣茉莉花的種植基地。

臺灣通史說,南洋各部前銷福州之茶,而台北之包種茶足以匹敵。然非薰以花,其味不濃,於是(英人杜德)又勸農人種花。花之芬者為茉莉、素馨、梔子,每甲收成多至千圓,較之種茶尤有利。故艋舺、八甲、大龍峒一帶,多以種花為業。

「好一朵美麗的茉莉花,好一朵美麗的茉莉花,芬芳美麗滿枝芽,又香又白人人誇…」這首歌「茉莉花」[9]寫著花的誘人香味。這是今日四、五年級生當時兒歌,曲調是來自大陸;但因受臺灣到處種滿茉莉花的場景影響,日後才會成為小學唱遊範本!

---

[9] 江蘇民歌,作詞作曲者不詳。

我前述的花香茶是今日粉領族品飲花草茶的前輩呢！這也說清楚了茉莉花茶的原汁原味，百年前的消費者已經喝到「花茶」了！

　　「花茶」在二十一世紀人眼光裡是西方舶來品，是用眞花製成品飲的香。包種花茶兼具了眞花與茶的雙重特質，這不是符合臺灣社會流行口味，而這其實早在一百多年前包種花茶就已走紅了。

　　當時因包種花茶薰茶需用的花材，由單一茉莉花演生出更多花材：如秀英、玉蘭、樹蘭[10]等數種。更直接造成台北近郊廣爲種植香花的事實。

　　台北近郊種植花材原料，提供了包種花茶外銷到南洋的基石，更寫下了台茶外銷輝煌歷史。

珠蘭飄花香

---

[10]　樹蘭又稱米蘭、米仔蘭、魚子蘭，原產於中國南方與東南亞，屬楝科，米仔蘭屬，學名Aglaia odorata。這是一種常綠小喬木，多分枝，無節，葉為單數羽狀複葉，長8-13公分，葉片對生，倒卵圓形，全緣無毛，葉面深綠色而平滑。花黃色，花萼五裂，裂片圓形，花瓣五片。花香似蕙蘭，清香幽雅。福建漳州有一株三百年樹蘭，高達六米，幹粗二十釐米，俗稱「樹蘭王」。
　　資料來源：陳宗懋，《中國茶經》，1992，上海文化出版社

以下記錄說明包種花茶的輝煌：光緒十四五年間(1890年前後)，臺灣「建成茶行」，先在爪哇暹羅等埠開拓了包種茶的良好市場，接著又與「合興茶行」合作產銷，共同出品了茶葉之商標。先是建德石東嘜最早風行，繼而金葫蘆、紅纓、金刀各嘜亦馳名而暢銷。至今，金葫蘆標仍留存著，這也造成日後茶商廣爲引用的濫觴。

　　1900年以後，荷屬東印度各島[11]喜飲臺灣包種花茶已成爲習慣，並以「三色花茶」爲貴。所謂三色花茶，即梔子花、茉莉花、秀英花三種香花薰製之茶混和出售者。

　　《臺灣通史》記錄茶外銷中，包種花茶佔有一席之地；而連橫說

---

[11]　指現在的印尼地區。印尼最早有關伊斯蘭教的記載可回溯至11世紀的爪哇。馬可孛羅(Marco Polo)記到，蘇門答臘北邊山地已轉變成伊斯蘭教信仰，至16世紀末，多數爪哇人信奉了這種新宗教。15世紀，權利中心轉變至馬來半島東南，是爲麻六甲王國。1512年，葡萄牙人(Portuguese)到達摩鹿加群島，勢力日強，在此地雄踞400 年。1602年，荷蘭(Dutch)東印度公司(United East India Company，即VOC，Vereenigde Oost-Indische Compagnie)成立，加入競爭。後來他們順利建立位於爪哇的巴達維亞(Batavia)，主控經由錫蘭(Ceylon)和印度至日本及波斯的貿易路線。到17世紀末，他們已占領大部份的爪哇。 1800年東印度公司破產，由荷蘭政府接收。拿破崙戰爭(Napoleonic Wars)期間，荷蘭被併入法蘭西帝國，英國人於1811年佔荷屬東印度(Dutch East Indies)，英國在1816年將此地交還荷蘭。至1910年期間，荷人已全面控制印尼。
　　資料來源：http://travel.mook.com.tw/global/Asia/Indonesia/country_info.html

的茶細味清正是包種素茶本色，後來受到來自福州製花茶的影響，形成臺灣將茶薰花的作法，而這種製茶法流行於十九世紀，我所收藏的馬口鐵茶葉罐成了歷史活見證。

茶罐上寫著「本莊開設在福州新碼頭新安里□麥採選清明又芽先春嫩蕊□麥窨製珠蘭[12]茉莉各種香茗配選精良…」。這裡說的「窨製珠蘭」正說明了十九世紀初年包種花茶的製作方法，相對製茶風格由福州到臺灣以後，成為台灣包種花茶擴大到南洋的記錄，日後風靡南洋一帶成為消費者主流口味！

「舖家金協和」的活躍

包種花茶，養成南洋一帶消費人口的認同。外銷逐見規模，相對集結了以此為業的組織，透過包種茶商組織的運作，更見包種茶的魅力！

---

[12] 珠蘭也稱珍珠蘭、茶蘭，屬金粟蘭科(Chloranthaceae)，金粟蘭屬，學名Chloranthus spicatus。為草木狀蔓生常綠小灌木，莖圓柱狀，無毛，單葉對生，長橢圓形，長12-22釐米，邊緣細鋸齒，葉脈隆起，穗狀花序頂生，常為二到三或更多分枝的圓椎花序，花無梗，黃白色，具淡雅芳香。4-6月開花，以五月份為盛花期，占年產量70-80%，故夏季薰製珠蘭花茶最佳。
資料來源：陳宗懋，《中國茶經》，1992，上海文化出版社

1899年，《臺灣總督府民政事務成績提要》中記錄的「茶業組合」[13]中，就說明了茶業組織團體中，除了以烏龍茶商爲主的叫「茶郊永和興」之外，還有一專以包種茶茶商爲主的「舖家金協和」。

黃得時寫〈大稻埕發展史〉說，大稻埕專門焙製包種茶之「舖家」，主要有錦茂、永裕、錦記、建成、發記，向中國東北、香港、暹羅、安南、爪哇、輸出包種茶。

雖然經營的茶種不同，組織名稱互異；但，他們同是爲了保護台茶輸出的品質。包種茶商和烏龍茶商兩團體訂出了規則，共同遵守，共在組織團體下共創利基。

1895年，臺灣進入日治時期，當時台茶外銷常出現不肖茶商賣出混著粗劣茶的產品，嚴重影響了台茶商譽。當時主要輸出國的美國，則在1897年發佈了禁止粗劣茶輸入的條例，爲了防範未然，明治三十一年(1898)臺灣總督府發佈了取締規則，此一同時並要求臺灣茶商公會與舖家金協和合併。兩個不同組織，同爲茶業前途著想而合併，再加入茶箱業者合稱「台北茶商公會」。這是史上將製茶相關產業組織整合共爲茶業大業努力的開端，又從當時公會的規定中，也可反映出包種茶在與烏龍茶並列台茶雙雄的歷史地位。

---

[13] 參考延伸閱讀「臺灣茶業公會沿革」

「台北茶商公會」按當時行政區劃分為台北縣管轄，所以頒佈的規約就稱「台北縣台北茶商公會規約」。1900年5月12日頒佈此項規約，其中的第四章「包種館及花茶原料取締」有下列規定：

1. 非本公會包種館者，不得從事唐山花茶之買賣交易，違者依違約者處分法將貨品拿到本公會燒棄或標售與包種，所得全額歸本公會之收入。　　　　　　　　　（規約第十六條）
2. 包種館購買唐山茶時，應明記出貨者商號、貨物商標及件數
　　　　　　　　　　　　　　　　　　　　　　（規約第十七條）
3. 唐山花茶若認為不堪做為花香原料者，不得購買。
　　　　　　　　　　　　　　　　　　　　　　（規約第十八條）

　　根據規約，加入包種館者才有資格到中國從事買賣花茶，該規約第十條也禁止了非包種館業者嚴禁從事唐山茶之買賣，這也說明了：規約將從事茶業的兩種不同業者做了區隔。同時，規約還嚴格規定：違約者的貨品可以被燒棄或是標售，這規定就如同今日海關緝私的處理，不可謂不嚴謹！因此頒佈後，收到很大效果。

　　當時，臺灣的薰花花材不足，很多茶商向大陸買原料，規約裡相關規定了：不得向大陸購入花香原料。

　　當時包種館擁有大量外銷實力，今日我們在規約中的賦課經費

標準中可能看出端倪。規約說：茶館及茶棧之烏龍茶大箱壹白箱課取參拾錢，包種茶大箱壹百箱貳拾錢。為何不同茶種有不同課稅標準？除了茶價因素，這或許也反映了包種館業者對公會決策課稅的影響實力！

包種館業者雖對當時公會的絕對影響力；但現今留存公會記錄中，未能將名冊中誰是專業包種茶外銷？誰是專業烏龍茶做一清楚區隔。

1915年重新設立的「同業組合台北茶商公會」的記錄顯示全員有134名，包含了茶館業者的包種茶館、烏龍茶館、包種烏龍茶館及洋行，但會員名錄只有商號名，經營者姓名和茶行住所（地址），沒有標示區隔何者是包種茶館？何者是烏龍茶館？這也是日後整理臺灣茶史的課題吧！

外銷大時代的來到

2000年出版的《台北市茶商業同業公會史》中有一段記錄寫包種茶外銷場面：

> 受歐洲大戰影響，包種茶輸出南洋之船艙嚴重不足，大正六年(1917)年起，會員輸出南洋之包種茶，全部委由公會運

輸，獲得良好效果。大戰結束後，大正十一年(1932)起，雖然船艙已無不足現象，甚且出現過剩現象，公會仍然採取當初之共同運輸統一措施，對船公司運送之運費以及船期之配合等採取適宜對策，效果益佳。

這記錄顯示出，公會統籌運輸，降低成本，並進而掌控外銷茶量。臺灣包種茶輸出爪哇的部分，當時大稻埕茶商以此為主要營業項目，當時臺灣銀行有辦理押匯單的業務，方便茶商資金調度;但是其間也有茶商利用押匯單的方便輸出包種茶。為了圖利，茶商買粗茶輸到爪哇，打壞臺灣包種茶價行情。

此外，當時茶商的競爭當中，除了競爭茶價以外，船期的運送也會影響價格。當船期多了，茶商競相輸出，使爪哇茶量增加，直接造成當地茶價的滑落。

上述兩因素使臺灣的茶價無法維持好價。當時日本政府建議以「共同販賣組合」來改善此問題，也建議臺灣茶商成立事務所，將各茶商所購得茶葉販給「共同販賣組合事務所」，再由此事務所統一外銷到爪哇，所得之利益再分配給各個廠商。

這種統購統銷的方式，日治時期被認為是最有效的販賣模式，也最能掌控茶價;但也反映了一種壟斷的商業交易模式，因此這款共同組合販賣的方法，初期推展並不順利，被當時的茶商所排擠。

1918年，「臺灣銀行調查課」出版了《臺灣茶業現在及改善策》中仔細說明：包種茶先與茶商公會與後藤運送店特約來用送茶葉，相當在大稻埕上船再運送至基隆，其間他們的業務配合像是現在的貨運行、報關行、保險通通辦在一起，這種同一採購、統一儲存、統一運銷的模式已改變了當時販賣模式。

當時的販賣模式是：由生產者到茶販人茶棧茶館，其間共有七八個居間者，各居間者都想要獲利，因此直接增加了成本。殖民政府宣導式說明：若廢掉原來交易模式，「販賣組合」會有下列利基：1.節省茶商改善交通成本，解決茶葉運送不便的問題；2.茶商較能通盤掌握茶葉行情；3.節省倉儲成本，茶商只要帶茶樣到大稻埕交涉買賣即可。

陳朝駿發聲改良茶業

這種販賣模式改變了原本開放的自由市場，經由成立統一組合之後，間接造成統治者運用產業集結產業領導者的媒介，這也是政治實體結合商業活動的高明手段。這種看法在當時「同業組合茶商公會」理事長陳朝駿也做了下列呼籲。

1918年，在《臺灣之茶業》第二卷第一號，陳朝駿談茶業改良

的意見：

改良者至難事業。本島茶樹之栽培。製品之交易。悉係舊式。遲於世界大勢。茶業改良策中。有如耕作制度之改良。茶樹統一。交引方法改善。需根本的變更組織。當業者現皆墨守舊慣。倚以為生。故非十分為之保證。彼必不肯捨舊圖新。故曰至難之事業也。

有俟乎督府指導。茶業改良事業。一任民間。恐難達其目的。宜倣製糖改良之法。仰督府之示範與保護也。本島製糖業。本屬就是糖廍製糖。督府設置糖所於鹽水港示範。其對有欲以新式機械製糖者。則貸與機械。給與蔗苗肥料。保護無所不周。遂至今日盛況。茶業非敢一躍。即希望受同程度之保護者。顧當業者不能諳於世界大勢及經濟法則等。故非俟總督府之示範。而使之由之不可也。

爪哇包種之競爭。烏龍茶之交易。需要地之美國。出張購買。故克維持善價。包種反是。配往爪哇求售。一經同業競爭。則價格崩落。招商業上之損失也。自來包種之輸出于爪哇者。僅限於資本豐富之少數商人。自臺灣銀行。設出張所于同地。開押匯之便。小資本之商人。亦得以溶其恩惠。遂克獨立輸出。坐是爪哇之本島包種。供給漸多。薄資商人。於匯兌期間內。見時價不能如意。又苦倉庫料及利息。因而賤兌。他商皆受影響。限於不利。即此亦可見競爭之為害。不可不避也。

陳朝駿有世界觀，在自己的茶標廣泛運用接軌世界潮流的圖案，像坐在螺旋飛機上作為外銷茶的包裝廣告，或者是他在對茶業改良的建議中就大力呼籲應該從茶樹品種、茶師教育訓練、種植技術等多項基礎變革。他認為業者墨守舊慣引以為生將被時代所淘汰。這也看出陳朝駿會做生意，懂得掌握時勢所趨！

　　有關茶業改良事業，陳朝駿認為要藉由政府的力量主導，光靠民間力量是達不到的。他也提出仿效製糖業由政府給予新的機械與技術指導，以期能與世界市場潮流接軌。陳朝駿的世界觀再次展現。

共同保護？壟斷？

　　有關包種茶在爪哇的問題，他認為同業競爭以及押匯的便利讓大小資本惡性競爭，為求現而低價賣茶，直接遭成茶價低落，因此他認為這是要避免的。陳朝駿特別提出烏龍茶輸美的情況，因此他提出了：以量制價維持好價關鍵所在！

　　陳朝駿的看法和執政當局的主流相映和，因此他推動共同運銷便有了成效：當時年平均輸出量是350-400萬公斤。1924年，烏龍茶外銷量呈現衰退，包種茶興起，每年輸出有400萬公斤以上。

由此輸出量來看，茶商早就具備可以自主調量、自主運銷條件，後來經由殖民政府的介入，便使得原本自由貿易市場變動了，進而形成國家機器統籌的貿易模式。今人，在回顧這段史料文本時不可不察，在流動性本質及帶出反向思考面向：日治時期茶業的營運模式是殖民的，而非自由資本的實體競爭。因此，在輸出進行中出現干擾因素，受到輸出國的外力介入時，殖民政府又能適時要求茶商出面斡旋，獲得轉機。這種作法頗受茶農的歡迎肯定。

　　1900年，包種花茶走出臺灣。風光了十年後即出現了輸出瓶頸：1910年，臺灣包種花茶受到荷屬東印度公司提高關稅影響，以及臺灣茶行到爪哇移植茉莉花，卻因種出的花香氣不足而失敗，加上原來大稻埕茶商外銷包種茶到爪哇有臺灣銀行提供押匯單方便，職是之故，茶商資金調度方便，這也是造成外銷包種茶的茶商投入動機，間接使爪哇的供茶量供多於需，造成茶價一度跌落。

　　直到1913年後，包種花茶在爪哇市場銷售數量年有增加，需求暢旺。

　　1918年，爪哇禁止進口包種花茶，當時公會派出了有國際貿易經驗的吳文秀和郭春秧出面與當地政府斡旋，兩人斡旋得宜，台茶到了1919年又告恢復貿易。

台北市茶商業同業會會史記錄：「1918年臺灣包種茶最主要銷售國爪哇發佈禁止外國茶進口命令，影響巨大。公會評議員吳文秀，三寶壟茶商公會會長郭春秧（台北錦茂茶行行主）同該會幹事堤林數衛三人出面幹旋，終打動爪哇政府於1919年6月21日頒佈解除命令。」此禁令解除後，台茶的外銷到爪哇創佳績，以1926到1930年五年中最旺，每年銷售量在三百萬公斤上下。

　　爪哇的商戰風雲，牽動了茶商經貿活動的版塊，然當時殖民政府對臺灣本島輔導種茶的著力甚巨，爲的是在殖民地取得更大利基。

　　1932年，爪哇政府爲保護該國產業，分別於一月、六月兩次調高關稅，加徵原進口稅的五成之附加稅，在此之前，該國人民的消費力又驟然降低，使臺灣包種茶面臨失去該地市場之困境，公會向臺灣總督等相關單位陳情，協助解決，當局乃轉請拓務省出面與爪哇政府交涉降低進口關稅。」但大環境已使包種花茶不再一枝獨秀，來自當地的產茶量增加，加上殖民政府發動「九一八」事變，原來消費人口的華僑發起抵制行動，也直接波及了包種花茶的市場。

　　《烏龍茶及包種茶製造學》記錄：「1931年以後，印尼自身茶業發達，幾至生產過剩。另一方面則由於「九一八」事件發生，當地華僑抵制日貨，其時臺灣尙屬日本統治，臺灣茶葉列爲日貨，華僑不願飲用。因之臺灣包種花茶遂由南洋印尼市場轉輸我國東北各

省。」

　　中國東北，就是當時偽滿州政府所在地，包種花茶在輸出爪哇遇到困難，乃轉東北行銷，我們可從包種花茶外銷量曲線變化當中，在在可循找出她在茶業外銷歷史上的地位。

南洋飄包種香

　　南洋，是包種茶的天下。

　　針對印尼茶業的發展，日本殖民政府一直主動加入瞭解。1917年，「臺灣銀行調查課」寫了「關於爪哇茶之調查」詳細記錄，特摘錄文字：

　　　　爪哇茶業其事實出1724年3月15日。十七人會命令書。十七人會者。荷蘭東印度會社「安斯德男之重役會也。其命令書之旨趣。略謂自支那羅致茶種。以移植該會社獨佔權內爪哇及其他各處、其後降至義詩而」知事時代。又1826年「新慕」博士。受加拉巴委員會所託自日本出島（長崎）購致茶種。翌年送于「買鼎簇爾」植物園。栽培後慶幸成功。

　　　　總督府為上記各種事情。屢招損失。後乃由契約。將栽

培業拂下于個人。不論品質如何。皆以一定價格。納于總督府。…後來市上所賣之茶。其品質雖則不惡。惟製造費多。收支不能相償。

上述記錄之外，臺灣總督府殖產局於1930年出版「爪哇茶葉調查」，將當時種植情況以圖文並茂的方式記錄。當時製茶場景今日已難再現，因此將文中談及製茶工序陳列於後。

包種茶出口的分野。1911年以前，百分之九十的臺灣包種茶茶輸到中國各省，並以福州、廈門、香港是主要轉運站，再由各地轉運到南洋一帶。其外銷記錄是：

1905年，每年輸出量爲一百萬至一百八十萬公斤不等。全數係包種素茶。自此年以後包種茶開始輸往印尼，輸出數量即增至二百萬公斤以上。

跨國的雄才大略

民國以後，臺灣包種茶採對南洋直接貿易，其外銷地區包括今東南亞的婆羅洲、越南、菲律賓、暹羅等國，其中印尼更是主要消費國。

關於包種茶在海外各國販售的情況，1912年3月的《臺灣關稅要覽》中有記錄：

包種茶的需要地南洋地方，係指安南、暹羅、新加坡、雅加達、泗水、三寶壠、沾城等，本島茶商在以上各地設有支店或代理店，以進行貿易。該地方散在之支那人大約達百萬餘人，其中在群島中從事生產者有六十萬人，各群島中人數最多者為爪哇，有三十萬人。雅加達、泗水有最多之顧客地，這可從爪哇處得知。而移住之支那人中，過半是外出工作者最盛之福建地方的住民，彼等保守的國民性，依然支配其嗜好而飲用家鄉茶，即愛用包種茶。然而本島包種茶雖源自福建，或與廣東地方所產全然屬於同種，但其品質比其遙遙領先，競相愛用本島產，隨著南洋地方移往支那人之增加，而有逐年增加之傾向。

在廈門從事包種茶生意主要者之商號、姓名、所在地、資金及臺灣聯絡地與貨物輸送地之聯絡關係，1911年到1914年之間在台北開設的茶號，據1897年的「明治三十年茶郊永合興名簿」、「明治三十一年台北茶商會改組當時之幹部及會員名錄」，將台北的茶號名稱和廈門茶號名稱比對後，可確認其茶號如下：

店　名	國籍	姓　名	台北開設名稱	姓　名	台北開設地址
建　興	清	陳了珽	建泰號	陳振記	太平横街三十九番戶
永　裕	日	陳玉露	義裕號		
錦　祥	日	郭春秧	錦祥號	郭春秧	太平横街一番戶
瑞　源	清	陳有志	委託台北珍記號買入	珍記號陳大珍	建昌後街五十五番戶
建　成	日	黃清標	建成號	黃清標	怡和巷街第十九番戶
成　記	西	馬厥猷	成記號		
寔　芳	日	陳大珍	珍記號	陳大珍	建昌後街五十五番戶
景　茂	清	楊成哲	景茂號		
啟　瑞	清	洪天球	發記號		
珍　春	清	王芳稱	珍春號	王芳稱	建興街第三、四番戶
耀　記	日	陳辰丸	辰記號		
文　川	清	洪英	萬源號		

如上所記，在廈門的茶號名稱內，得知當時在台北有五家茶商店之名號，尤其陳大珍的「珍記號」，其茶號名稱與經營者名稱一致，說明1911年在廈門的領事報告是對的。

另外，依據台北的「大正四年同業組合台北茶商公會設立當時

之幹部及會員名錄」，可確認在廈門的報告中能見到下列之茶號名稱。

店　名	國籍	姓　名	台北開設名稱	
建　興	清	陳子斑	建泰號	建泰號、陳松標
錦　祥	日	郭春秧	錦祥號	
瑞　源	清	陳有志	台北委記珍記號買入	珍記號　陳大珍
建　成	日	黃清標	建成號	建成號　黃清標
成　記	西	馬厥猷	成記號	成記號　馬亦錢
寔芳	日	陳大珍	珍記號	珍記號　陳大珍
景　茂	清	楊成哲	景茂號	景茂號　楊升額
啟瑞	清	洪天球	發記號	
珍春	清	王芳稱	珍春號	珍春號　王芳順、王連等
耀記	日	陳辰丸	辰記號	辰記號　陳躍欽
文川	清	洪英	萬源號	萬源號　洪其隆

　　1911年，從香港帝國領事代理船津辰一郎報告中，可知自香港向海外輸出台北產之包種茶的狀況：（香港）當地經營臺灣包種茶係錦裕、廣德發、炳記行、捷盛行四家商店，其中以錦裕最大。其地址如下：

錦裕 　 Wing Lock Street, Hongkong

廣德發 　30, Bonham Strand, Hongkong

炳記行 　Des Vacux Road, Hongkong

捷盛行 　Des Vacux Road, Hongkong

　　香港貨物輸送地主要是爪哇，其次是安南、暹羅、菲律賓等順序，清國內地和香港地區需要量極少。原先在南洋方面，支那人外出工作者頗多，特別是福建人占大部分。且他們在家鄉飲用的包種茶，自然養成習慣，到了外地因包種茶仍然廉價，所以繼續保持飲用的習慣。

　　根據臺灣總督府的調查，自臺灣輸入香港的包種茶其數量，價格如下。

年　度　別	數　量（斤）	價　格（元）
四十年度	193,713	63,859
四十一年度	124,802	40,598
四十二年度	150,888	52,286
四十三年度	169,899	64,269

　　《通商彙纂》記錄：在該市場，爲調查本茶之有無，在商店販賣之包種茶樣式約有十種函購，凡二十刃（按一刃=3.75公克），乃至五十刃左右之紙包，一袋十錢乃至二十錢左右販賣，紙袋表面明記包種茶，但內容含有廣東、福建產各種之茶，和臺灣所稱之包

種茶完全不同。依一支那人所稱，此包種之文字係指紙包，並非所謂含花香之包種茶之意。其後在當地商店尋求包種茶，還是無法發現。

當時作爲主要外銷的茶商店名與負責人，目前出土資料中不完整，但在發行於1916年《臺灣之茶業》一書的贊助廠商名單中，可看出茶商經營的魄力與實力，他們或在中國或在台灣的本店，在爪哇、南洋地區成立支店作爲轉運站，一方面可掌握市場供銷、當地的商情、消費行爲等，充分擴展茶業版圖，這正是此時期茶商經營的特質，也可看出當時的規模。

《臺灣之茶業》中出現的包種花茶茶商名單：

店　　　名	負　責　人	地址
源美公司台北支店	吳蔭亭	臺北廳大加蚋堡大稻埕朝陽街十三番戶
源美公司本店瑞源公司	陳光窈	支那廈門亭仔丁街
源美公司支店瑞源棧	許鴻洲	蘭領爪哇三寶壠東街
珍春號本店	王芳順 王連等	臺北廳大加蚋堡大稻埕朝陽街六十六番戶
支店珍春棧	王連權	蘭領爪哇井里汶
支店珍春棧	王連生	蘭領爪哇加蚋吧
支店珍春棧	王連枝	蘭領爪哇泗里末

芳春號	王芳群 王連等	臺北廳大加蚋堡大稻埕朝陽街二十七番戶
芳春號代理店源裕號永豐號		暹羅
元隆文記	蔡訪嚴	臺北廳大加蚋堡大稻埕朝陽街二十五番戶
瑞記號	陳瑞星	臺北廳大加蚋堡大稻埕朝陽街三十二番戶
支店陳瑞記棧	陳添助	蘭領爪哇三寶瓏中街
福建昌號	陳清賞	臺北廳大加蚋堡大稻埕朝陽街二十八番戶
支店福成號	陳永財	沖繩縣那霸區末町三丁目
悅記	陳秋生	臺北廳大加蚋堡大稻埕朝陽街六十三番戶
悅記支店美盛號		佛領安南
支店悅記號		暹羅
豐盛號	陳協宜	臺北廳大加蚋堡大稻埕朝陽街六十九番戶
豐盛號支店護記、究記、泰昌號		佛領安南
豐盛號支店美和號、豐記號		暹羅
祥記號	李楚鄉	臺北廳大加蚋堡大稻埕朝陽街二十一番戶
祥記號支店泰成號、成記號、雅記號		佛領安南
祥記號支店振豐號、泰豐號		暹羅

資料來源：《臺灣之茶業》，1918年

由上表中所見的包種花茶商，規模就如同今日來台的外商，分

佈在海外據點都是其轉運營運站,而當年台灣茶的營運實力與營運策略,其實就是今日外商的思維模式,由臺灣外銷的量與產值,共構另一片台茶的春天,然而這其間台茶也由紅遍半邊天,一直到了沈寂無聲,中間不到五十年的變動,我們可由下列數字說明:

自民國二年(1913)至民國十三年(1924),每年包種花茶運銷量都在兩百萬公斤以上。民國十四年(1925)至十九年(1930),運銷數量每年均在三百萬公斤以上。民國二十年以後(1931),由於印尼自身茶業發展,包種茶在印尼的銷路受到阻擋,輸銷數量乃逐年縮減。民國二十四年(1935)輸往數量不足五十萬公斤。民國二十九年(1940),則只有四萬七千公斤。民國三十年(1941)年以後,可以說完全停銷了。

1941年,可說是包種茶的黃昏日,這年以後包種茶已無法在海外立足,台茶由盛到衰,其間僅靠烏龍茶獨撐大局;1948年以後,台茶種植的規模已縮小,而且種植茶樹種類也有了激烈的變動!

《臺灣島》的許崇灝指出,1948年台中以北栽培之,台北、新竹二處爲主要產地,一年摘葉十數次,其種類有青心烏龍、甘杆、蒔茶、大葉烏龍、青心大冇等。其中以青心烏龍、青心大冇、大葉烏龍三者爲最優良品種。茶園面積四萬六千六百二十三甲,一年產量約一千八百三十四萬餘斤。

臺灣光復後輸出數量大見降下，除了民國三十六年(1947)輸出二百五十萬公斤，民國三十七年(1948)輸出三百五十九萬公斤，民國三十八年(1949)輸出二百五十二萬公斤數量較多外，其他數年都只輸出一百餘萬公斤。

包種茶的凋零，受消費者口味的轉變影響，世界喝茶走入紅茶主流後，青茶系統的包種茶就淡出茶的舞台；然而回首包種花茶的黃金歲月，她不斷的為臺灣創匯，為日治政府謀得強大的農業利基，更造就茶商財富累積，成為社會新階級[14]。而在此歷史軌跡裡，後人必須重新給予包種花茶新的價值，一份文化累積的資產，一張張來自當時包種花茶的包裝外觀上，所累積的文化資本值得細細品味！同時，延伸在圖書館內的《臺灣茶業用語》一書，更實際將日治時期包種茶製成再現！

茶業用語登上舞台

[14] 仕紳依據來源分成正途(通過考試)與異途(捐官)兩種，而其中又分成上、下兩個層級，貢生以上是屬於上層的仕紳，生員、監生則是屬於下層的仕紳。蕭公權在研究中國鄉村時，認為仕紳應該包括退休的官吏、在職官吏的族人和姻親，以及受過教育的地主。而蔡淵洯在關於清代社會領導階層的研究上，所採用的觀點是指所有擁有功名者，均算在社會領導階層當中，而他定義下的「社會領導階層」指的是elite，分為全國性的與地方性的。關於商人部分，最初社會領導階層是市鎮的郊商、鄉

《臺灣茶業用語》一書，係當時總督府殖產局為了獎勵指導茶業業者而編印的，其主要內容是針對栽培、製造等專業用語，提出規約整理，以當時殖民日語和漢字對照編寫而成。

　　該書分以沿革開墾、整地、移植、品種、繁殖法耕種、施肥、揀枝、採摘、製造等章節來說明。其中最大特色是：如散文雜記般的通俗記錄了茶業面貌，更是一本跳脫艱深難懂用詞，讓人輕易親近茶的書。

　　此書，發行於1916年3月。日治時代成為茶葉農民的補助教材，至今成為研究製茶的史料，原書藏在國立中央圖書館臺灣分館，惟書已遭人切割。我在台北市溫州街南天書局發現影印精裝本，其賣價竟要四百元。我想充分運用前人史料將之推廣是好事，若因此而破壞史料完整性實不可取。有關台茶日治時期的寫實記錄，尤其是包種茶方面該書的「大稻埕的用語」章節中有如寫實紀錄片般的描述（參見附錄一）。

　村的地主、豪強；道咸以後買辦郊商已漸有功名，所以可謂是商人與仕紳階級合流的現象。事實上，仕紳與商人的角色有時並不一定是二分法，而是隨著時代改變的。例如：台北三郊總長林右藻之子林望周，在乙未變革後承繼其父為郊長，他便具有監生的資格。且到日治以後因為政權轉變的結果，對於仕紳身份的認可方式主要是透過紳章制度，又是一大轉變。資料來源：張仲禮，《中國紳仕關於其在十九世紀中國社會中作用之研究》

延伸閱讀：

一、臺灣茶業公會沿革

年　　代	公 會 名 稱 演 變	緣　　　由
1885-1889	茶郊永合興	臺灣巡撫劉銘傳為防止不肖商人破壞台茶聲譽，下令業界組織的同業公會，為公會最初創立的名稱。
1898	台北茶商公會	據總督府茶業取締規則改組。
1915	同業組合台北茶商公會	據總督府臺灣重要物產同業組合法重新設立。
1937	同業組合臺灣茶商公會	因公會區域擴及新竹州而改名。
1944	臺灣茶商公會	總督府撤銷重要物產同業組合法，撤去「同業組合」四字。
1945	臺灣省茶葉商業同業公會	戰後，依據中華民國政府人民團體組織法改組。
1949	台北市茶商業同業公會	臺灣省茶葉商業同業公會依法需改組為「聯合會」，會員限各縣市級公會，台北市同業乃再組會至今。（省公會於1952年撤銷登記）

資料來源：徐英祥、許賢瑤，《台北市茶商業同業公會會史》，2000

二、文山區歷史沿革

　　文山區的歷史發展，源自清代中期，福建安溪的張、高、林三家族飄洋過海，沿淡水河進入新店溪，開墾景美溪沿岸。此地原為平埔族秀朗新民所居。《台北縣志》記載：雍正七年(1729)，粵人墾首廖、簡、岳三姓，率眾開墾拳山（清代時，新店、木柵、景美、深坑、石碇的山勢起伏，宛如拳頭因而得名）地。同時建立林口庄（今公館一帶）；再五年，泉州安溪移民由大加蚋地區入墾文山，驅逐粵人，建立公館庄；乾隆初年，三塊厝、十五份、溪仔口一帶都已開墾，形成興福、萬盛兩庄。

　　在行政區域的沿革上，可分為三時期：

（一）清治臺灣時期：

　　1. 康熙末，中國移民來台開墾，初進林口間（今公館附近）。

　　2. 雍正七年(1729)，粵人廖、簡、岳三姓溯新店溪而上，遂至梘尾（今景美）。

　　3. 乾隆年間，新店、深坑多闢地。

　　4. 嘉慶十七年(1812)改制，淡水廳管轄十三堡，而本區屬於拳山堡，下轄公館街、溪仔口庄、十五份庄、內湖庄、木柵庄、頭前溪庄。

　　5. 光緒十三年(1887)臺灣建省後，淡水縣轄有十堡，本區

仍屬拳山堡。

6. 光緒二十年(1894)地分鄉紳嫌「拳山」之名不雅，請求改為「文山」堡，下轄四庄：萬盛庄、福興庄、內湖庄、頭前溪庄。

（二）日治時期：

1. 縣廳時期：光緒二十一年(1895)五月～光緒二十七(1897)年十月

   日治政府駐台，將清代台北府、臺灣府改設台北縣與臺灣縣。1895年六月，日人改設一縣二民政支部一廳，台北縣依舊，下設四支廳；1897年改設六縣三廳。台北縣轄台北縣直轄及基隆、淡水二支廳之地，下設十三辦務署；下置里、堡、鄉、澳，其下分置街、庄、社；1901年改增為三縣四廳。

2. 廳治時期：光緒二十七(1897)年十月～民國九年(1920)八月

   1897年，日本總督府兒玉源太郎採行集權制，改行政區域為二十廳，廳下設支廳。深坑廳設二支廳。1909年，再將三十廳併為十二廳，廳下仍設支廳，之下設區，以管轄街、庄、社。台北廳設十三支廳，本區分屬深坑、新店二支廳所轄。

3. 州廳時期：民國九年(1920)九月～民國三十四年(1945)臺灣光復

1919年，日人改廳為州，改支廳為郡、市，廢區、堡、里、澳、鄉而設街庄，本區分屬深坑、新店二支廳所轄，台北州轄台北、基隆、宜蘭三市及九郡（七星、淡水、基隆、宜蘭、羅東、蘇澳、文山、海山、新庄），郡下設十二街、二十五庄，本區屬於台北州文山郡。

（三）光復後的臺灣

1. 光復後，將行政區域從日治的五州三廳改為八縣九省轄市兩縣市，台北縣轄宜蘭一市及七星、淡水、基隆、宜蘭、羅東、蘇澳、文山、海山、新庄共九區，本區改屬台北縣文山區，屬深坑鄉轄深坑、景美、木柵。

2. 民國三十九年(1950)九月，行政區劃為十六縣五省轄市一管理局，六縣轄市，234鄉，78鎮，42省轄市區。原台北縣分為台北、宜蘭二縣，台北縣仍設板橋，轄七星、海山、新庄、文山、淡水基隆六區三十四鄉鎮。

3. 民國五十三年(1964)，台北省轄市改制為院轄市。民國五十七年(1968)，原屬台北縣轄之景美、南港、士林、北投、木柵內湖六鄉鎮劃歸為台北院轄市管轄。

4. 民國七十九年(1990)，景美、木柵兩區再合併，使用「文山」命名。

包種花茶因鼻煙出名。（作者攝）

茶莊貿易海外足跡。（作者攝）

破銅爛鐵都是活見證。

（作者攝）

優雅仕女激起消費慾望。（作者攝）

與椰子混種的茶。
（取自《爪哇之茶業》）

三十年的茶樹叢。（取自《爪哇之茶業》）

茶樹幼苗。

（取自《爪哇之茶業》）

鋤草用鐮刀。（取自《爪哇之茶業》）

茶工宿舍。（取自《爪哇之茶業》）

爪哇高原茶園。（取自《爪哇之茶業》）

茶樹剪枝。（取自《爪哇之茶業》）

茶樹發芽。（取自《爪哇之茶業》）

茶園採摘後。（取自《爪哇之茶業》）

第二章

「包」羅天下「種」視品牌

第二章 「包」羅天下 「種」視品牌

款款撥人心弦

回首百年包種花茶外銷風光，光從文字記錄是無法找回包種花茶的花樣年華，唯有重登包種花茶款款動人的包裝紙，才能回首茶商的精心設計，才能在每一張平面紙張中找回當年花茶的面貌，更尤甚者可在包裝紙上再現包種茶百年風華，本書首度披露台茶史上這最驚豔的一段，解讀每一張包裝紙圖案與文案，並希望藉此拼組重現當年包種花茶的盛況。

日治時期包種茶的行銷模式，基本上是由大稻埕茶行一手包辦，自產自製以致運送銷售，所以在分級種類上主要有三：一是品質特別優異的高級包種茶，通稱為「堆外茶」，香氣特高是其特色。第二類是外銷一般規格的茶葉，依此再分四大類。

外銷茶依品質順序通稱為「葫蘆堆」「番二堆」「天堆」和「標準茶」。而這「葫蘆堆」之名又與當時茶首採「葫蘆」為商標有關，茶商將「葫蘆」商標視為品質最佳等級來看待，這也是品牌觀念與實踐。

外銷茶雖然有「官方分級」：但由於各廠商出產品級不同，各

持各自的細分等級。這些分級方法，又以象徵或代表吉祥用語爲主，大多採用吉利字句作分級名稱。例如用「榮華富貴」「大吉利市」「一本萬利」「福祿壽」「天地人」…等。有的則採用成語如「日月盈昊」「日月昭明」「天地日月」等。同時在分級上也採「天」字級或稱「地」字級，或稱「人」字級的簡明分法，同時也用號碼標明品級。

這些品牌各出心意，茶商保持各家信用，各家推銷各家品牌，完全符合了市場行銷品牌商標的效益，我們在細部分類中，可以瞭解除了「堆外茶」和外銷茶以外包種茶也出品了所謂「第三類屬副茶」。其分級標準和烏龍茶之分級相同：分爲碎茶、茶角、茶頭、茶片、茶末、茶梗等數級。

林馥泉記錄這些分類。由此可歸結出中國茶的品牌多樣化，加上由於每一茶行想闖出一片天，想用自己的分類方式來獲得市場認同；但相對而言，消費者面對如此繁複的品牌分類，只得靠品嚐後得到的經驗值來做爲消費者購買指南。我想，這也正是中國茶無法單一品牌，並很難行銷世界的癥結所在！

包種茶的傲人身材

因此循著歷史文獻，找尋「南洋是包種茶天下」的足跡，在佈

滿花樣年華的包種花茶身上，我看到她曾以傲人的銷量爲臺灣賺匯，我發現當年她在外銷時的精密分級以及用來薰製茶的香花精密製造工序，還有在時空遷境下的包種花茶已單純被冠上「香片」的單一混和茶葉品種。我認爲包種茶的文化資本被嚴重忽視，她一身的傲人身世和累積資產有待發掘。

臺灣包種花茶的銷量統計，勾勒出一塊「南洋爲臺灣包種茶天下」的基石。我們從她的分佈區域和外銷數量之間，搭構了一座曾經稱霸南洋的包種花茶豐碑。在這座豐碑中，我企圖爲她刻劃一段早被遺忘的陳年舊事，也希望花茶花名不再被遺落在歷史舞台。

而對包種花茶的銷量裡，她的底層還蘊含了一套精密的分級制度。日治時期包種茶出口的分類就是依照分級制將各品級的茶推上國際舞台：

15 玫瑰(Rosa rugosa)原產於中國、朝鮮及日本，是薔薇科的落葉灌木。品種繁多，莖密生銳刺，羽狀複葉，小葉5-9片，橢圓形或倒卵圓形，葉面有縐紋。夏季開花，花單生，有濃郁芳香，花及根可入藥，有活血、收斂作用。
資料來源：陳宗懋，《中國茶經》，1992，上海文化出版社
16 玳玳(Citrus aurantium var. amara)亦稱回青橙，芸香科，柑桔屬，常綠灌木，葉橢圓形，4-5月開白花，香氣濃郁，當年冬季爲橙紅色，翌年夏季又變青。4-5月上旬開春花，質量好，產量多。而7-9月開的下花多不採收，讓其結果。玳玳花的開放度與香氣濃淡有密切的關係，爲開放稱「米頭花」，香氣低；含苞待放稱「撲頭花」，薰花效果最佳；花瓣開裂後稱「開花」，芳香物質已揮發，香氣亦低。
資料來源：陳宗懋，《中國茶經》，1992，上海文化出版社

品 級 名 稱	通 稱 俗 名	品 質 鑑 別 計 分
Extra Hight	堆外茶	90
Fine	葫蘆堆茶	80
Medium	番二堆茶	70
Common	天堆茶	60-69
Standard	標準茶	50-59

資料來源：林馥泉，《烏龍茶及包種茶製造學》，1956，台北：大同

　　這樣的分類標準，往往受到茶在每年每季中與天地人三方面的連動關係互為影響，因此每年或每季的茶質都會不同。但包種花茶最大特色是窨花的烘托效果，而非素包種茶，因此包種花茶常因窨花花類之不同而有所不同的稱謂。

　　包種花用來窨製的花類有：茉莉花茶、秀英花茶、梔子花茶、樹蘭花茶、珠蘭花茶、玉蘭花茶、玫瑰花[15]茶、玳玳花[16]茶等幾種。有關此階級的包種花茶製法，在林馥泉的《烏龍茶與包種茶製造學》中有下列說明：

毛茶原料通常皆幼嫩採摘且多為春芽；秋芽有時亦能製成良好茶胚，但總不如春季的好。夏季之茶菁較遜，然部分內銷花茶因喜茶葉含有芽尖，卻又需由夏茶製成之。
茶身尖細幼嫩，條索緊結，色較淡綠而帶黃色，富有油光。
滋味甘潤無苦澀，茶湯亦醇厚。

香氣之有無，因需加花薰製，尚無苛求。不過不能有火焦味或青臭味，否則有礙花香茶之品質。

水色以橙黃為佳，其濃淡視消費市場不同而定。

葉緣發酵程度較包種素茶為淺，未發酵部分需清明淡綠。又高級包種花茶之茶胚，最好能保持芽葉之整朵，碎斷者較差。

其間，包種花茶的水色涉及的消費口味，當包種花茶館外銷大好時，也注意到了南洋的消費品飲口味較濃，銷當時東北華北地區的茶較淡！

茶胚製造立大功

當然針對包種茶胚的製造，《烏龍茶及包種茶製造學》紀錄：

1.毛茶之補火與複焙：毛茶補火在精製包種茶因關係品質好壞， 但薰花茶補火卻可有可無。如果毛茶乾燥，切斷篩分無困難時，補火工作可省，以免茶葉一再烘焙帶有火焦味。若毛茶不足乾，致切斷篩分有困難時，則無法不補火，此時火力應較一般的包種素茶之焙火溫度為低，且時間較短。否則不僅茶葉香味盡失，且易使茶胚顏色褐變或帶有火焦味，致使薰花後花香不揚。

2.揀別：花茶茶胚以純淨無暇爲佳。其中高級花茶對於茶梗之去除更爲重要，每每需以人工經數次揀別，力求茶中無梗，提高茶的價值。一般外銷花茶之含帶茶梗，因出口有一定之標準。揀茶梗方法，通常以拔梗機選拔，最後再以手工補助複揀之。

　3.切斷：花茶之形狀，一般要求比較細長，所以毛茶之精製力求少切，以免損壞茶胚之外觀。初春製造之毛茶，因鮮葉細嫩，形狀大都比較緊結細長，通常被選製爲高級花茶之茶胚。此等毛茶，精製時先用雙手稍加捏斷，用手篩，先行提篩一次，將尖芽與幼嫩之茶條提分出來，備爲高級花茶茶胚之用。大體而言，花茶胚較素茶胚切斷爲少。

　4.篩分：在篩分過程，普通以手篩篩分爲主，分別以分篩、抖篩、撈篩、切篩等方法，提分尖細緊結之茶條。其後再以平篩機輔助篩分其普通之部分。需注意。

　5.風選：花茶較注意外觀，故篩分之後之風選處理格外顯得重要。風選即用風鼓以風力選別茶之輕重。

　6.拼堆：茶胚在足火前應行配合打堆，精製茶胚有時爲顧及薰花成本或因改善品質起見，必須分別薰製者，此拼堆工作有時進行於薰花之後，即將各級茶胚分別薰花，然後鑑定薰花之後品質，並獲得品質上的改善。

針對製造茶胚的每一階段，都是製茶人的心血，當然包種茶經過精製以後，還得再予「足火」，也就是「加熱」的程序，來使茶葉容易吸收花香。

「足火」也要看茶胚品質，幼嫩品質優則以低溫，茶胚粗大者可用較高溫烘焙，同時針對不同的花種，考慮鮮花的含水量，吸水作用等因素，而給予不同程度的火候。如依薰花種類而別，則珠蘭花木蘭花火候較高，梔子花次之，柚花玉蘭花又次之，茉莉花秀英花最低。

往昔，焙火不像今日機械化、電氣化，好的茶胚多用焙籠來增加茶品，大量普通等級花茶才用乾燥機焙。

薰花提花大法

有了包種茶坯接著是與花的對應處理。

茶葉薰花的處理，必須依據各種香花之習性，以不同方法分別而為之。處理項目包括攤置、篩分、揀剔、去梗、去雜、加溫促其開放、以及各種適當之保護花朵不至積壓悶熱變質之處理等。

另對在薰花時茶葉與花數量配合，常受到市場需求及當季茶葉品質影響而有所不同，而其中在薰花方式中有兩大種：

　　1.窨花：即以茶拌以香花，裝入茶箱或堆置地板上，薰至夜半，攤開俟其稍涼後，復裝入箱中或堆積再薰。直至翌晨篩去殘花加以烘焙，稱之為「窨花」。

　　2.提花：即篩去殘花後不再烘焙。

　　窨花茶經烘焙香氣深入茶中，而表面並不香。提花雖未經烘焙，香氣均在表面，可取花之表面新鮮香味。惟提花未經烘焙，難免帶有濕氣，如花量過多，必易使茶葉變質。通常遠運外銷之茶業，僅窨花而不加提花。如在本地銷售，則可行提花，以增加茶之新鮮花香。

　　那麼如何進行薰花呢？其主要程序有四：1.窨花；2.通花；3.出花；4.覆火。

　　1.窨花：凡欲窨花之茶業，經加工製成茶胚，並經烘焙，同時香花亦經篩分揀剔清楚，即行薰花。薰花之法，將茶胚倒放於潔淨地板上，薄薄攤平，視薰花茶量多少而決定茶胚攤放厚薄程度。其後於茶葉面上均勻撒以香花，一層一層依比例堆積，直至茶葉與香花用完為止。

2.通花：攪拌茶堆與攤涼茶葉之處理。香花拌入茶葉中，不論是裝箱或堆放，茶堆會因濕氣而發熱，易使花與茶發生輕度發酵作用，如不及時攪拌攤涼，則鮮花隨即發生磺味，同時茶葉亦容易變質，是故需於薰花後五小時前後，即傍晚七八時薰花，約至夜半十二時至一時左右，茶堆中發生熱氣時，即將茶倒出或將茶堆耙開，通去熱氣。經一小時，茶葉攤涼後，再行入箱或放置。堆面仍然再覆蓋少許無花茶葉，然後擱置再燻。不過通花時間隨天氣冷熱而不同，天熱時時間縮短，天冷時放長，此外要隨著茶堆發熱高低而調節。

3.出花：茶葉薰至翌日早晨，花香全部被葉吸收後，即可將茶傾出，用篩篩去花朵。

4.覆火：茶葉經出花後，因茶葉中通常在薰花前灑水給予濕潤，一面又因花朵中水分被茶葉吸收，故宜再付烘焙。目的有二：使茶葉乾燥，利於收藏；使香氣深入茶葉中。

「量」出一片天

輸出地與數量都說明包種茶的風光歲月。

1912年開始輸銷英屬海峽殖民地，1914年開始輸銷暹羅，1916

年開始輸銷菲律賓和越南，輸出數量更見增多。自1912-1923年這
十二年間，每年輸出量都在三百五十萬到四百萬之間。

1924年以後，由於烏龍茶景況衰退，包種茶即興起而代之，每
年輸出量都在四百萬公斤以上。其中1926-1927二年，輸出量突破
五百萬公斤以上。其後1931-1940年這十年間，輸出量已見降低，
維持二百萬至三百萬公斤的數量。

另外就暹羅與越南的銷量來看：自1916年，每年數十萬公斤或
數萬公斤不等。1924年為最多，每年輸銷一百零五萬公斤，佔總輸
出量百分之二十四。第二次大戰期間，每年還有數十萬公斤之輸銷
。

1941年，日本勢力進入中國東北各省，包種茶之市場由南洋轉
移至東北，輸出數量增多。日本發動太平洋戰爭年間，前三年包種
茶輸出量尚在五百萬公斤之鉅額。1944年，增至七百三十五萬公斤

17　王進益生於1903年，本籍新店安坑，東京日本大學經濟系畢，
　　1921-1926年任教於貢寮鄉福連國小等多所小學；1935-1950年擔任
　　文山茶行大連分行主任；1951-1969年任臺灣區茶輸出公會總幹事；
　　1970-1999年，台北市茶商業同業公會總幹事、顧問。他在赴大連期間
　　積極開拓台茶在中國東北的市場；此外，1954-1967年間他獨立主編《
　　茶事通信》雜誌，為業者提供茶業資訊。王進益擔任茶商公會會長長達
　　五十年，為公會妥善保存檔案與文物，是研究臺灣茶業最佳史料。
　　資料來源：徐英祥、許賢瑤，《台北市茶商業同業公會會史》，2000

之最高記錄。

有關台茶在東北行銷的記錄，目前是台灣史上的「空白」，少見文獻記錄，這與日治後來結束在台殖民與戰火波動有關吧！

竹茶罐東北情

我身旁收藏了兩件包種茶在東北的茶罐，一為竹製茶罐，一為馬口鐵製茶罐，前者字「哈爾濱，道外正陽五道街口，致昌東新記茶莊」，係由竹筒上漆乾漆，並畫了花鳥圖，儘管時代變動了，這對竹筒茶罐仍閃爍著當年許多品茗人手上最珍愛的罐子，這也是今日茶史的活見證。

另一鐵罐上寫「大連志祥茶莊」，她長15.9公分，口徑9公分，上面有二十世紀二十年代的穿旗袍的採茶女。我想繪者是美化了採茶女，以如此裝扮是無法在茶葉田裡採茶的，她出現只是為了招引注目罷了！

這兩件寫著東北茶行名字，正是日本成立偽滿州國時期，當地茶莊一段輝煌，一段仍為完全解密的過往。就如同一位台茶史料保存者王進益[17]，就曾到過偽滿州國經商，與他同時期的臺灣茶商到東北交易茶葉的實況為何，值得我們去探索。

滿州國的茶業經商網絡沈淪不被發掘，這也是因為偽滿州國消失後，作為殖民茶業供應基地的臺灣人跟著失去市場。

　　茶葉罐，是品茶人相伴的隨身物，茶葉用完了，茶主可以留下來再度使用，或留為紀念，但又因茶罐材質普通，不受重視，所以至今留存不多。我手上的「茶王」罐源自天津，在台灣買的，對於研究臺灣茶史獨具意涵。

　　東北市場與戰火相峰連，日治以後台茶在國共政權分離下，也只有孤懸在島內，只有少部分已種植花茶還外銷中南半島。

　　銷越南的卻時好時壞，所佔總輸出量的百分比亦不大，1975年越南淪陷後就沒有輸出。以越南為輸出主力的茶商經歷了一場來自無情政治壓力的擠壓而喪失市場。

　　茶，對臺灣人民而言，是一種草根農作物，她擁有高附加價值惟日治或國府時期，擺盪的政治情境左右茶的去向，掌控包種茶的一種宿命。

包種茶的衷曲

如今包種花茶的製造也成為罕見奇種了，當時曾輸出包種花茶到越南的儒昌茶莊，仍保有民國七十年代的包種花茶，這家有百年歷史的茶葉店，位在台北縣深坑鄉，負責人王冬水已過世，他留下茶莊由女兒掌舵，傳承著北臺灣包種茶的香火。她說：父親留下的茶，會保留！

　　我曾在儒昌茶莊存放茶的馬口鐵罐旁，翻黑的茶罐中找到這支僅存的包種花茶。王菊月開啓茶罐蓋子，取出茶葉泡飲，讓我品嚐了包種花茶的真味。這包種花茶係以桂花薰茶，雖已有近三十年高齡：茶莊在民國八十三年有烘焙過，故至今仍能保有桂花香。此桂花包種茶具備了素茶的清香，融入枝葉醇化滋味於一體！

　　珍藏老舊製茶的瓶瓶罐罐，或是有緣品一口陳年包種花茶，這都是我走進茶史中，最有感覺實境驚豔。埋首歷史資料堆中，經由彙整的沈澱，得機緣讓我撫觸到真實茶罐與茶葉所帶來的驚喜是要遠超過文字記載的！

　　包種花茶從發跡到竄升以致滑落，除了上述的分類與銷量以外，最值得觀察的有二：一是臺灣薰製方法的突破，二是商標取得市場認同，以下分述如後：

雙薰三薰真誘人

一、薰製方法的突破

「薰製方法及用花程度不同，在品級有顯然差別。如盛銷爪哇的「三色花茶」，分別用梔子花、秀英花、茉莉花薰製，然後再依比例混合成堆出售者。或同堆茶葉，先以梔子花打底薰製，再薰以秀英花或茉莉花，以增加香氣。且由於用花數量多少，品質好壞相差甚多，通常茶胚品質優良者，皆選用良好料花，並以相當數量經二次或三次精工薰製，製成高級花茶，而給予「雙薰」或「三薰」的稱呼。」

林馥泉的記錄中，可見茶商為了將花茶多元化，採取了多樣薰製方法，有時因薰花用等級，有時用花料多寡而成為分類的標準。這都是茶商因應市場所需而有的薰製秘方，可惜今日不再以此為主流的茶葉市場，也淡忘了薰花茶的製法。

二、商標取得市場認同

除了靠薰製方法取得包種花茶的競爭優勢，其間另外奠下臺灣包種茶在南洋局面的要素，還是商標的模塑得法，獲消費族群的認同。

|包種茶|

林馥泉的記載說：臺灣包種花茶昔日在南洋各埠暢銷而有聲譽者，有錦茂茶行之「舜末腳冷」牌，義裕茶行之「雙雞」牌，建泰茶行之「打虎」牌，源美茶行之「五傘」牌，錦記茶行之「珊瑚」牌等，在印尼及新加坡各埠各佔有穩固的市場。

這些當年赫赫有名的品牌，惟今已成為資料庫的檔案罷了；然而深入剖析仍見盎然趣味！

以「舜末腳冷」牌的怪名字為例，台北市茶商業同業公會會長王端楷說，這是取自品牌「Caring」的翻譯，這是「在地化」的呈現，也是品牌跨出的成功經驗。當時臺灣包種花茶的行銷通路除了行銷爪哇，也有部分台商突破福州的包種花茶獨佔東北市場的局面。像南興茶行的「二五」、「三五」號產品在天津大受歡迎，這也是當時台商突破疆界成功的經貿活動。儘管當時面對大陸福州的花茶競爭，但臺灣包種茶的品牌模塑更獲認同，當時福州花茶為了取得優勢，不惜以真花入茶來招攬。林馥泉記錄：

「而福州出品的包種花茶，卻是當時行銷中國各省的暢銷貨，主要行銷到北平、天津、漢口…等地。這時各地茶莊就懂得標榜自家茶葉的特色，各出奇招。其間有的茶商從福州買回茉莉花盆種植，等到賣花茶時，茶商再採鮮花放入花茶內，以增加花茶的花香，同時也以此作為宣傳特色，而受到相當歡迎。這種新鮮花作法很有賣點，當時出名的「九年雙薰」「天津雙薰」指的就是這一類的花

66

香茶。」

臺灣外銷包種花茶，當然無法以眞花現場加入，只有在包裝紙上呈現各式各樣的風華。

由於市場接受度高，這種花香茶便成爲了市場主流。另外花香茶由此而出現簡化的慣稱「香片」，竟變成了日後對這類茶的慣稱了。

香片，在台灣被視爲「加味茶」評價不高，又常被冠上外省籍人士的愛好茶口味。事實上漠視了上述這段包種茶史，絕無法親澤花茶的昔日嬌豔花姿，更遑論對香片深層瞭解，若只視爲「香片」，而不知包種花茶的精彩過去，則是認識不清的結果！

在解釋一百多年茶業經貿活動時，進入昔日情境去，瞭解茶的貿易歷史，就不會只是枯冷的文字記錄而已，而是光華滿堂，充滿歷史光輝情境的再現，更可見她的風華絕代。

鄉愁的解憂者

臺灣光復後大陸同胞多數遷移來台，北方人仍習慣北方慣飲的茶葉，因此花茶之分類，爲適應顧客需求，零售茶號標新立異：同

一樣的包種花茶便依其品質高低，標明某某地名的「雙薰」或「三薰」花茶，或是某某地區著名香片。例如：標明「杭州」「安徽」或「黃山」等出產之茶葉，都是臺灣出產。仿照大陸各色品質加以選製而成。我想這也是解了大陸籍人士的一種「鄉愁」吧！抑是沿繼了當時品牌印象的留存，行銷中想打開銷路另一款經營模式吧！

香片，對臺灣品茶者而言，總以為比不上純素茶為主的茶葉品種，同時也成為品茶消費人口中的省籍之分？其實，臺灣香片花材取得方便，加上擁有固定消費族群，於是香片成為單一品味特色茶，我們不能等閒視之。

當我們漫步在台北街道，看到當年用來薰花用的香花樹像梔子花、茉莉花、秀英花、樹蘭花的痕跡。我玩味著時空錯置下的茶業場景，我思想著：走紅東南亞各國的包種花茶，更名為「香片」後，也失去應有精製包裝，她的身份地位都大不如前，茶價跟著拉不到高檔了！

香片、花茶、包種花茶原本都是指涉著同一品種的茶。她們一度擁有外銷創匯的光榮，無奈消費口味轉變，花茶地位不再，反而移植西方的花茶，只要冠上是進口的花茶都有基本擁戴者，事實上，包種花茶的茶葉又加上花香，也是一種「花茶」！而現今市場可賣到的香片（見附表一）也是花茶的代表作，為何少人提及？又為何被排除在「花茶」之列呢？

附表一　現行消費市場所見香片（花茶）一覽表：

花　茶	花材名稱	花材英文名稱	特　　　色
茉莉花茶	茉莉花	Jasmine scented tea	
玫瑰花茶	玫瑰花、香水月季、薔薇花	Rose scented tea	主產於廣東、福建、浙江等地，茶具濃郁甜香
玫瑰紅茶	紅條茶與玫瑰薰花	Rose black tea	產於廣州，二十世紀五十年代研製。條索緊結，紅湯紅葉，滋味醇和。
玫瑰綠茶	玫瑰與綠茶	Rose green tea	
玫瑰九曲紅茶		Rose jiuqu black tea	
白蘭花茶	白蘭花與黃蘭茶、含笑茶	Magnolia scented tea	又稱「玉蘭花茶」，是僅次於茉莉花茶的大宗產品，主產於廣州、蘇州、福州等地
珠蘭花茶	珠蘭花或米蘭花	Zhulan scented tea	主產於福建漳州、廣州、及浙江四川、江蘇等地
玳玳花茶	玳玳花	Daidai scented tea	以江蘇、浙江為多
金銀花茶	金銀花	Honeysuckle scented tea	主產於湖北咸寧

柚子花茶	柚子花	Pomelo flower scented tea	主產於廣西、福建、貴州、廣東、湖南、浙江等地
桂花茶	桂花	Osmanthus scented tea	著名的品種有桂林的「桂花烘青」、安溪的「桂花烏龍」、重慶的「桂花紅茶」
福建茉莉花茶	在福建薰製的茉莉花茶	Fujian jasmine scented tea	清咸豐年間開始於福州大規模產銷茉莉花茶。如今以烘青綠茶為茶胚，著名品種有大白毫、閩毫、雀舌毫等
湖南茉莉花茶	產於湖南長沙的茉莉花茶	Hunan jasmine scented tea	1982年研製，以高山茶為原料，主要品牌有「猴王牌」等
雲南茉莉花茶	雲南大葉種滇綠茶坯與茉莉鮮花薰製而成的茉莉花茶	Yunnan jasmine scented tea	產於雲南昆明、水富等地，1955年生產
雲南白（玉）蘭花茶	滇綠茶素坯與白蘭花薰製而成	Yunnan magnolia scented tea	1964年生產，又分「一薰一提」及「單薰」兩種方法
雲南珠蘭花茶	雲南大葉種滇綠與珠蘭花薰製而成	Yunnan zhulan scented tea	主產於雲南宜良茶廠

湖北茉莉花茶	產於湖北武漢、赤壁的茉莉花茶	Hubei jasmine scented tea	
蘇茗毫	產於江蘇蘇州茶廠的高級茉莉花茶	Sumenghao	
廣州茉莉花茶	產於廣東廣州地區的茉莉花茶	Guangzhou jasmine tea	
廣西茉莉花茶	產於廣西橫縣、南寧、玉林等地的茉莉花茶	Guangxi jasmine scented tea	廣西在二十世紀七十年代種植茉莉，由於自然生態條件優越，故茉莉花開早，香氣高，種植成本低，成為中國茉莉花生產基地之一
廣西桂花茶（迎賓茶）	產於廣西桂林以桂花薰製的茶	Guangxi osmanthus scented tea	
四川花茶	產於四川宜賓、自貢、北川等地的花茶	Sichuan scented tea	代表性產品有錦城露芽、明前郁露、蟹目香珠等

中國東北竹製包種茶罐。
（作者攝）

「大連志祥茶莊」茶罐。
（作者攝）

鏽鐵罐紀錄台茶風光。（作者攝）

包種茶

小茶店。（取自《爪哇之茶業》）

74

採茶工人。（取自《爪哇之茶業》）

製茶工廠。（取自《爪哇之茶業》）

製茶工廠。（取自《爪哇之茶業》）

製茶工廠。（取自《爪哇之茶業》）

上-秀英花的栽培狀況；中-茉莉花栽培；下-包種茶包裝。
（取自《爪哇之茶業》）

第三章
用包裝紙寫茶史

第三章 用包裝紙寫茶史

包種花茶包裝紙，是臺灣包種花茶歷史的活化石。

（本章包裝紙資料來源：台北市茶商業同業公會；攝影：池宗憲）

神奇38.5×35.5

她們身上載著當年茶商的流金歲月：或是以茶莊之名，或是茶商所精心焙製分級的茶名，都能在她們身上找到百年歲月，所淘洗出來的風華絕倫，更刻印了她們一段渡海拚生意的風光往事。

包種茶包裝紙是一張長38.5公分、寬35.5公分的紙張，她們組合一個茶葉的品牌外觀。她是包種花茶的外衣，上面寫明白了內裝茶的通體內容，巧妙的是「內衣」單純潔淨與茶親密貼身的一層「外衣」，則是應用當時印刷技術的木版、石版、銅版方法來印刷包裝紙的外型，並藉此來促進消費者的購買慾望和品牌認同。

包種花茶的包裝紙，就如同一張寫生畫，寫畫著當時的社會時尚流行的趨勢，並襯托出茶莊主人的生活品味。

這些外銷包裝紙披露出茶商融合外銷茶當地的社會情境。比如說：當時外銷到南洋爪哇，就會用當地的吉祥動物來做包裝圖案，同時也推出當地的居民生活穿著形象圖案，好作為產品與居民的構

連媒介。

　　臺灣產品現今佈滿跨國文化工業的身影，反思臺灣茶商跨越海洋到南洋的產品推廣用心，在結合當時地方文化的宣傳策略中，不免令人燃起對這些茶商的獨到眼光與作法的敬意。

　　目前我們所看到的包裝紙都是孤件，這些產品包裝，係茶商向公會提出申請入會登錄的樣張。茶商所希望的是：這些精心設計的包裝紙不被仿冒，以作為日後辨識之用，因此才出現了同一個茶莊同時申請了數十種包種紙的的名稱或是圖案，這如同現今的工商專利登記，會把自己認為好的名字全部申請在自己名下，目的是作為商業競爭的利器，也是一種先申請先贏的心態吧！

　　當然，今日的包裝與印刷術突飛猛進，茶業的包裝有真空或打氮氣，包裝紙也由紙張演變成為鋁箔裝，在包裝的過程以及品質的保存上，看起來都有長足的進步，可惜的是：現在的品牌設計十分普羅化，卻看不出業者對品牌包裝設計的重視。

　　在西方發揚光大的紅茶包裝，自成了一種包裝藝術。茶葉公司對自家品牌投資都會編列預算，來作品牌規劃，並請專業人士來做包裝設計。

　　回首，看當年台茶外銷南洋的包種花茶的包裝紙，對照今日也

叫「包種茶」的包裝紙,怎不令人大嘆今不如昔呢?

品牌符號響噹噹

　　臺灣茶商推出品牌茶,首推建成號「葫蘆標」[18]。負責人是黃清標,因為當時葫蘆標並未申請公會登記,竟被許多茶商引用。這也是形成約定俗成上等茶的代名詞,當時包種花茶選茶的分類標準,「葫蘆堆」表示品質第一,而「堆外」則是次級的貨品。

　　茶商建立的品牌,建立了一種商標權威,甚至影響選茶的評比認證,這種作法就像:今日跨國品牌,夾著跨國文化優勢,啟動全世界消費者的認同。今日麥當勞或是耐吉,就是靠著一個簡單的品牌符號,來深植品牌到每一位消費族群心中,永誌不逾。

　　茶業是臺灣三寶[19]。泛黃的包裝紙中,我看見了「寶」藏身在此,更勾起了我對當時茶商努力的景仰和崇敬。

　　當時包種花茶創下外銷量的長紅。其間除了靠茶本身的優質條件外,更重要的是:發揮品牌效應的包裝紙,由包裝紙上的品牌圖

18　1890年,建成茶行輸出包種茶到爪哇,並與合興茶行共同創立品牌,其中最有名的就是「金葫蘆」牌,如今茶商公會還保留一件該牌的包裝紙。資料來源:池宗憲,《臺灣茶街》,2002,宇河文化出版社

案，獲得了當時的華僑或是南洋地區的消費者認同，換言之，他們甚至看不懂商標上的中文；但他們會因為認同了茶包裝的圖案，使用後再來指定購買，這就是臺灣包種茶可以揚威南洋的功力吧！

追溯此一時空背景：今人查看當年包裝紙上出現異國文化交流的版圖就不會太訝異了：其間有茶行的名稱；有茶行負責人的大名；有選茶人的名字；有茶葉單一品牌名；有當地的文字吉祥語…。這些包裝紙的構成元素中，看來佈滿異國趣味，也挑起我極大的好奇，很想藉此來研究台茶外銷東南亞的歷史，並希能理出一條線索！

台茶的發展史，只能從一再出現的重複史料中看到文字的描述；但是今日我們在看包裝紙的設計、圖案時，就可以看出茶商他們的用心和實力。這是一種能讓台茶史發光的重要佐證。然而，這些包裝紙並沒有獲得應有的照料，而只成為臺灣茶商業同業公會檔案櫃裡的資料。她們「躲」了起來，一句話都不說。沈默是金？當我翻閱這一頁頁一張張的茶商標，我的收穫豈是印刷精美而已！

19　1860至1863年間，台灣在天津條約及其附約的規定之下，正式對外開放了淡水、基隆、打狗、安平等通商口岸。1895年臺灣由中國割讓給日本統治。在此期間，茶、糖、樟腦是臺灣的三大出品，出口總值佔同期臺灣出口總值的94%。

資料來源：林滿紅《茶、糖、樟腦業與臺灣之社會經濟變遷》

四方激盪文化交集

《圖1，圖2》「源美茶行」當時茶的
輸出年出口有十萬箱以上，茶名取「芳讚
」，以鳥做商標，封口以SG作為英文代號
，側面用五支鳥作為商標圖案，五是當地
的吉祥數字，就像現在泰國的五塔牌。正
面的兩字顏體「芳讚」，想必是當時有名
書法家提字？旁側是一勳章，應與當時日
本殖民統治帶來的圖騰符號。

圖1

圖2

這張包裝紙可見：(1)中國的傳統
書法字體，(2)融合當地民情的五傘圖
案，(3)外銷的通用英文字，(4)殖民時
期的政治勢力延伸下的皇民臣服下的圖
騰。四種不同面向，在殖民文化下交盪
，反射出了：茶可成為媒介，可成為溝
通橋樑。因此我在一張紙上，分陳上述四面向，他們是均衡勢力的
伸張、拉扯，也是當時社會情境的特殊意涵的舒張！

《圖3》「珍記茶行」陳大珍，他的茶行位置在日治時期的台北
廳大加蚋堡大稻埕建昌街一丁目十三番。「珍記」陳大珍的包裝紙

的最大特色就是彩印。封口印有「TK」，側面將他個人肖像登錄註冊商標，兩旁佐以鮮花，這兩叢鮮花應是當時用來薰花花材。

　　陳大珍所設計的包裝紙上，彷彿嗅到花材的香味，五彩繽紛的茉莉與珠蘭，正由這張包裝紙散出吸引消費者聞到洋溢的花香。

圖3

　　陳大珍，這位茶商以現代的語言來說就是能夠掌握消費情境，將焙花茶實境融入品牌的實踐者。

河洛英文發聲

　　《圖4》陳錦記[20]的包裝紙上，封口印著G縮寫，全名是用台語發音陳錦記（TAN GIN KIC）。當時以河洛語融合英文拼音的品牌商標，彰顯了統治文化與被統治文化的相融交會，以這張包裝為例，

20　陳天來年輕時曾回到有「茶鄉」之稱的故鄉南安，接觸過製茶過程與方法。1891年，他二十歲，斥資創辦「錦記茶行」，開始從事茶業製造、販賣，獲利頗豐。莊永明在《台北老街》中寫到錦記茶行：錦記茶行

茶行主人用陳（TAN）錦（GIN）記（KIC）三字，再把河洛語的拼音第一個字母作為他的家徽，即為「TGK」。這三個字母並用羅馬字體合為一體，形成陳天來家族的家徽。

今日貴德街73號陳天來舊宅的屋簷上充滿洋味的家徽，應來自茶行主人所受西洋文化的薰陶，而建構此家徽的內心裡，想必是時髦的追求者，才會以完全西化的文字作為一種家族圖騰！

陳天來當時所建立的茶業王國，今日只能看到他的舊宅牆角家徽的輝煌，我想對於台茶發展歷史長河裡，留下這樣的茶葉大亨的家徽是具直接意義的，更成為茶業界一代豐碑！

本厝正門石刻對聯是：「荀里蒲輪德星夜聚，泰山桂樹甘零朝溥」，橫批是「蘭桂芳聯古義門」。大廈每層有一大廳、八間房間和左右護龍，每一層都是房廊相連，彼此旁通曲達，室內陳設豪華考究：磁磚從荷蘭進口，家具不是高級的酸枝，就是紅檜、黑檀木，特別請師傅到家裡雕刻，一直用到現在都保存得很好。主人陳天來在台茶發展歷史中還曾擔任《台灣茶葉雜誌》編輯兼發行人，及擔任1927到1939年長達十二年的茶商公會會長。「錦記茶行」在陳天來改組為「錦記製茶株式會社」後漸漸淡出經營。1939年，陳天來病逝台北，由兒子陳清素、陳清秀分別接管南洋、新加坡等分店業務，到了1952年，陳天來四子陳清汾籌組的「台灣茶葉聯營公司」敵不過環境變動而瓦解。

資料來源：池宗憲，《臺灣茶街》，2002，宇河出版社

圖4

這張包裝紙上的茶名取為錦芳（正面），圖案是五色鳥加上黃底印刷（側面），在用色觀感上意味著以黃色為正統，而她的茶葉又是薰花，同時以鳥身上的炯爛的羽毛色彩來隱喻：花茶魔幻般的香氣。

寫實、隱喻的技巧常見今日廣告宣傳手法中，日治時代的茶商率先做到！

《圖5》「葫蘆標」。大正四年(1915)的公會名錄記載，以股份公司登記的第一家茶商是「郭河東股份」，負責人是郭漢泉。他同時也是1915年「同業組合台北茶商公會」的副組長，當時的組長是陳朝駿。這張印有「葫蘆標」圖案的包裝紙正是他的傑作。茶商還是保有由福建移民過來的遺風，以封口圖案來看，他採用了中國傳統書卷的圖案，上面書寫他採茶的用心以及希望消費者認同的語句。

茶行採用這種圖騰標示出該茶行的淵源，以作為標誌和傳承，其實，這也是今日所流行的文化產業中利用產業文化做好生意的範例！而這種應用卻早在茶行的包裝上就一直延續著一種香火的傳承，而形

圖5

成品牌知名度的累積！

《圖6》彰
化縣鹿港鎮中
山路105號的
「蘭馨齋」茶
行負責人吳東
河，他堅持使
用四兩包裝來
賣茶。我曾在
十年間兩次向
他買茶，要買

圖6

他印有書卷圖案的包裝紙。我在第二次向他買茶時，他已八十三歲
。當時店面已在舊鎮再造中改觀了，他的產品有一部份採新式包裝
。我要求他賣給我舊式包裝茶，還要他在上面簽名留念，吳先生大
概未曾遇過這樣的「茶迷」，他慎重地拿出毛筆在包裝紙上寫下「
八十三歲吳東河」。今日，這張包裝紙成了我痴茶行列重要珍藏。

　　他用的紙上旁側也出現同樣書卷的圖案，上面標著「泉州黃能
」指出他的祖籍所在，我想：無論是今日的吳東河或是當時的郭漢
泉，這些茶商心中都有一股對於經營茶行的傳統的執著，想必他們
絕非宿命者，而是茶葉文化的承繼者。

品牌短兵相接激戰

　　《圖7》台北市民生西路309號的新芳春茶行，留存的包裝紙吐訴著開啓台茶品牌先河的紀錄。

　　新芳春茶行曾以外銷包種茶到泰國聞名，負責人王國忠說，留存的包裝紙源自日治時期，是該行用來外銷東南亞的包種茶一款包裝。這種包裝紙以木刻版畫刻出雀躍梅花，以此取「梅雀」爲名。

「梅雀」風格簡潔，用色有特色。她的舊址正是台灣包種茶外銷史的小縮影。她留下的包裝紙品牌印象，令人追念。同時舊址內留存日治時期所用的製茶工器，保存完好，幼時在此隔壁長大的王端鎧說，新芳春是台灣日治時代製茶場留存最完整的寶地。

　　新芳春是活教材，從製茶場到包裝紙一身是故事。她留下的「雀梅」包裝紙反映了該

圖7

時期出現的品牌大戰，亦見當年茶葉火熱戰事。

《圖8，9》以鸚鵡、伯勞或海鳥為主角圖案的包裝紙，封口印著C.S.。臺灣早期外銷茶的包裝紙，常出現以動物為主角的圖案，而當時的茶商在社會中屬於仕紳階級，對於外來文化的吸收與融入都有實際的體驗，因此他們在以動物為包裝紙圖案時，應是來自與他們息息相關的生活經驗所得的靈感。

圖8

例如：鸚鵡。鸚鵡在東南亞是極為討喜的鳥類，同時也是一種親和力很夠的動物，茶商藉著動物的親和力以期打動南洋消費者的心。反觀，現在的茶商若以家裡的寵物如狗貓來做茶葉包裝，

圖9

效果如何？當時的包種茶的包裝圖案裡，除了鳥類以外，也流行過獅子、貓等動物，成為茶商在東西文化交流的座標中的宣傳優勢。

因此，像伯勞鳥[21]這樣的季節鳥也都被採納成為圖案，可見茶商試圖將茶葉與生活情趣結合的意圖，這也和茶商的仕紳階級擁有優渥生活形態有關。這也同時彰顯了茶葉消費在當時絕非一般常民

消費的型態，而是一群有錢且有閒的階級消費。臺灣的茶商扮演了與島外其他社會活動接軌的一種橋樑，由茶商所運作產銷的茶業以及包裝外觀，正也呼應了臺灣茶商在當時上流社會的角色與地位。

　　《圖10，圖11》茶商挾帶日治文化優勢作為商品宣傳是難獲南洋消費者認同。因此茶商深入洞悉了消費地在地文化並以深耕直接反映在包裝紙上。「南興茶行」[22]的包裝紙就是好例子。包裝紙的封口印著LH縮寫(LAM HIN & CO.閩南語再加上英文的公司)，旁側圖案一是梅花圖案國旗，一是印尼爪哇的勝蹟圖案[23]，茶商懂得將

當地文化資產作為包裝成為號召。在這張包裝紙上表現得淋漓盡致！

圖10　　　　圖11

21　臺灣南部可見伯勞鳥是紅尾伯勞，是一種候鳥。體長18cm，體上部為灰褐色，體側為黃褐色，頭部有白色眉斑及寬粗的黑色過眼線，嘴粗短而黑、尖端略向下鉤曲，為肉食性鳥類以昆蟲為主食、亦捕捉小型兩棲類、爬蟲類、獵捕食物有將先儲放於尖銳的枝椏或鐵絲上的特殊行為。每年每年從八月中旬起大群伯勞鳥自北南移至菲律賓南洋地帶，中途多以恆春半島為休息站。資料來源：屏東野鳥協會

22　南興茶行位在今日貴德街。1952年林馥泉寫的《烏龍茶及包種茶製造學》書後，刊有「南興茶行」贊助廣告，此地今日是全祥茶莊的工廠。

異國情調的挑動

《圖12》「建昌茶行」在1907年6月26號通過註冊的「鳥飛燕標」商標包裝紙：以黃紙黑圖加上暗紅色字，用色充滿南洋味，燕子與泰文都顯示出南洋當地民情。

圖12

茶商充分掌握輿情的結果，想當年茶商經商必先蒐羅南洋地區商情資訊，精準掌握當地民情，才知道使用在地的吉祥動物與顏色的包裝設計，更藉由此獲得消費者青睞。

《圖13》「雉鴿標」是1907年10月21日申請的包種花茶商標，圖案採木刻手法有浮世繪風格：商標主角是鴿子，主基調用黑色表

「全祥」是貴德街上最後一家還在焙茶的茶莊。不過茶莊已經把貴德街當「後巷」，正門卻開在西寧北路84號。今天的全祥茶莊後巷，莊協發柑仔店旁，即日治時期推動台灣非武裝抗日組織「台灣文化協會」的港町文化講座舊址。

資料來源：池宗憲，《臺灣茶街》，2002，宇河出版社

23　婆羅浮屠是爪哇的勝蹟，意思是梵文的「山丘上的佛陀精舍」，位於爪哇首府日惹市約三十公里處的婆羅浮屠村，號稱「東方四大奇蹟」之一。這張包裝紙上的勝蹟圖案，或許與這樣的建築物有關。

現，她站在咖啡色的枯木上。以黑
與咖啡的顏色基調指涉了日本茶道
枯寂的美感，加上圖案上繪的天色
與山色與樹都成了沈寂的孤藍色，
其他的場景用留白作為無限的延伸
，這種用色映合了日本美學用色的
特質，這也是外銷茶的包裝上最特

圖13

別的一種暗喻手法，這提供當時木刻版畫的表現方式的參考價值。

　　《圖14，15，16》1907年6月26號許可
的「萬泉號」包裝紙，是以當地吉祥神祇
作為圖案，刻上像中國的福祿壽三星的圖
形，該茶行的不同茶用同樣木刻方式表現
包裝，但在顏色上以深紅、淺紅、洋紅的
顏色作為區隔，成為茶種的辨識標誌。商
標另採用泰文表示不同茶使用花材的不同

圖14

。這是以顏色
為辨識商品的
方法簡單易懂
，讓台灣茶在
異國的消費者
中獲得認同。

圖15

圖16

93

《圖17，18》這是一張充滿異國情調的包裝紙：主角是一個穿

沙龍的妖媚婦人，背後正是開啓的幕，她打著赤腳，手勢正在跳著迎賓舞，這也是當年台灣茶爲了拓展到南洋的活歷史，表現正是當地舞者祈福，更是台商掌握當地民俗的精髓，才得以有貼心迎合當地人民一體的包裝紙。

圖17

這張「王梅記茶莊」外銷的包裝紙爲例，用的是龍鳳的圖案，側面卻以「泰山」兩個大字作爲茶的品目。在消費地來說，「泰山」兩字的知名度會高於茶商的名字，藉此創下品牌認同。這也和茶商公會出擊到泰國行銷台茶作法一樣，具有絕對主控優勢。

圖18

茶商公會的記錄如下：

當時因戰爭(1937)爆發，台茶開始轉由輸出第三國：在泰國市場開拓方面，1939年臺灣商工會議所自12月8日起，爲期一週，在曼谷舉辦「泰國見本市」博覽會。公會指派書記長朱阿西前往參加，並依下列要點大力進行臺灣茶之宣傳，讓泰國人士重新認識台灣茶。

（一）在博覽會場特設之日本館二樓，陳列公會茶樣。另外，在陳列場以泰國美女贈送每日前一千名之進場客人一兩裝茶樣一份，並每日贈送數百組台灣茶圖案之明信片，會場牆壁並懸掛臺灣美女之台灣茶宣傳海報及公會會旗，故每日吸引上萬觀眾前來參觀品嚐。

（二）在博覽會場入口附近設置約三十坪之台灣茶之免費試飲招待所，雇用三名泰國美女奉茶，並在招待所後開設一間現場賣店，由當地之台灣茶商輪流零售包種茶。

（三）公會除做上述宣傳外，並將包種茶、烏龍茶、紅茶一斤透過日本駐泰公使館呈送泰皇帝陛下，另以半磅裝包種茶、紅茶、烏龍茶各二罐，贈送曼谷市內之日、泰官民及泰國新聞社六十單位。又泰國為一虔誠佛教國家，故對大小三十餘寺院贈送二兩包裝之台灣茶三千包，增加泰人對台茶的認識。

朱阿西藉參加泰國博覽會之便，搜及泰國市場上新銷售的茶樣，於1940年1月17日下午假公會樓上展示，讓各界人士觀摩。

1940年12月8日，公會同樣參加第二回的泰國見本市博覽會。

1941年12月8日，第三回博覽會開館日，適逢大東亞戰爭爆發，不得以中止。後來在12月18、19二日，日本商工會議所在曼谷市舉辦「臺灣物產見本品展示會」，會中展示台灣茶，吸引眾多觀眾參觀，尤其是大東亞戰爭後，華僑一改以往態度，來場參觀者人數眾多，另外再贈送宣傳茶樣與相關單位，獲得預期效果。

這段主動出擊的歷史，說明了台茶外銷南洋受到大環境影響，茶商公會發揮統合力量，此間也嗅出茶商在變動情境下的機動性；在這期間，茶商透過公會對外掌握商情，對內則開始了一場商標保衛戰！

葫蘆裡賣什麼茶

　　有關當時的商標仿冒問題，茶商在一開始並未注意到本身的權益，因此以「葫蘆」商標的外銷茶打出名號以後，接二連三就有各個茶行模仿。像「元隆行」茶莊所賣的茶葉以包種花茶為主，他的茶商標也是用葫蘆商標，其規格、大小與「建成行」一樣。唯一差別在顏色：「建成號」用紅色葫蘆標，「元隆」使用綠色葫蘆標。

　　冒用商標，引起業者的重視。業者寫信給當時的公會要求會員自律；但效果不彰。現今流存的公會規約裡面，並未見仿冒商標懲處的規定，只有以劣質茶冒充高級茶品質才有懲處規定。由此看來，業者只有自救之途，職是之故，學者自己在茶商標上寫上「登錄」字樣以作為區隔。

　　我們可以看得到「珍記號」負責人陳大珍（縮寫T.S.）向公會申請的茶標記錄：登記的商標有「慎德」、「獅人像」、「布帆」…等。如「慎德」的包裝紙上特別寫上「登錄商標」四字《圖19》

圖19

，上面印著「陳友志茶莊」，即珍記號在海外的支店。

當時行銷南洋各地的茶莊，本身都設有海外支店，即為今天的海外分公司。在茶包裝的商標上面，封口通常保留了原茶莊的名稱，例如「珍記號」陳大珍就用T.S.；但到了海外以後，茶的種類和用上分支店名：如以「慎德」為名，卻由於支店所賣，所以在包裝紙上會註明支店名稱如「陳友志茶莊」，其實是屬於「珍記號」。故在商標封口的「T.S.」就說明了這原公司是「珍記號」。

今日我們可以看得到同一茶商標會出現不同支店名，或是標示各種不同茶種名稱，主要是為了區隔商品來源，也是茶莊彰顯實力的表現舞台。若我們不瞭解茶葉發展史，看到這一堆佈滿了英文、圖案、茶莊名稱，便無法解讀了。

下面幾張「珍記號」的包裝紙，可以解讀出當時外銷途徑的場景：這張《圖20》底是用人形木刻版畫，背後襯山，阿拉伯人包著頭巾，前面是花

圖20

草圖案。這也顯示了當時茶的運銷通路到了中東一帶，也顯示了台茶廣受外國人士喜好。

　　這些寫上「登錄商標」的茶商標，印著S.T.。一張寫有「合利」商標《圖21》，係是一隻獅子攀爬在皇冠上的圖案，就書寫「登錄商標」字樣。

圖21

　　《圖22》再以這一張同樣是陳大珍旗下所屬的茶莊，旗下在日惹[24]所販售的包裝紙來看，寫著「源興茶莊入惹」。包裝紙的正面切割成兩個畫面，左邊是一對男女，男做求婚狀，他們穿著印尼當地服裝；右邊畫面寫了S.T.，在11公分長8.5寬的面積裡，我們不僅發現當

圖22

時茶商因入境隨俗的影響所及，所留下的圖像和字體，這些都充分反映了包種花茶產品的多元性。

24位於中爪哇西南，由回教蘇丹王哈曼庫布渥諾一世所建。1946－1949年
　　印尼獨立戰爭時曾以此古都為臨時首都，也是古代爪哇文化的發祥地、
　　人文薈萃之地及佛教、印度教發展重鎮，目前仍保有許多文化遺跡。
　　資料來源：http://home.kimo.com.tw/travel104/

仿冒者是男盜女娼

　　《圖23，24》另兩張全是「珍記號」外銷的包裝紙，以「愼德」茶莊爲名的茶葉包裝上，畫了一個穿著西方戰士裝扮的人形。他拿著盾牌及刀劍，背後還寫了「望眉」字樣。另一張寫著「瑞瑞」茶名字樣。所刊圖案是一位穿著如同西方遊俠的人，背後寫著「印度」。在這兩張像極了我們今日塔羅牌中武士形象，難道這是茶莊包裝紙的另外一種具有撲克牌般的娛樂功能？還是他也像今日的個性商品，提供圖案的收藏？抑或者只是一種賣茶地點的文化與風俗移植轉換面貌而已？

圖23　　　　　　　　　　　　　　　　　　圖24

　　《圖25》有關茶葉包裝的標示出現各種有個性的圖案，凸顯茶葉品質以外，茶商爲了防止同業的競爭與仿冒，冷不防的在包裝紙上刊印一些惡毒的字眼，如這一張雙雞牌商標寫著：「仿冒此標

圖25

男盜女娼　子孫不興」。其實，這種用辱罵式的文字防止仿冒作法，在當時中國茶莊也廣為飲用。例如我收藏的一張六安瓜片義安茶莊出的包裝紙也寫了類似警語。

　　以當時商業活動機制，能仿冒的商品其實很有限，茶葉業者會如此重視，顯露出茶葉的經濟價值之高，商業利益之多，茶商才會在商標上寫下重話。

　　茶葉買賣活動已邁入跨國性的經濟活動，因此業者才會因地制宜，設計了許多與當地文化結合的圖案，以為商標，當然怕被仿冒，又沒有法令可保障，只有自助以重語警告同業自重了！

　　《圖26》這張是黑白木刻印刷的雙美圖。圖中兩人應是印尼人，只見美女舞妓穿著傳統服飾，一戴著舞帽，雙人以跪姿出現。令人驚奇的是，其中一名美女只著內衣，雖不到坦胸露乳的情況，卻也成為當時茶葉商標裡的一場異色場景，增添不少遐思。

圖26

圖27

《圖27》「建泰」茶莊位於日治時代大稻埕的太平橫街，負責人陳松標所申請的包種茶商標已經廣泛應用了多層套色，這時的商標設計走入與圖案結合的新觀念，以包種花茶為主的茶葉商標，除了用文字去描述，還能用什麼樣的圖案去表現呢？這裡有了答案：以一株剛採下的嫩綠茶葉，輕放在含苞待放的玉蘭花身上，這不正是一次茶與花的饗宴？這不正是茶商在茶葉包裝上的精心規劃？

這張包裝紙的正面《圖28》卻是一點也不浪漫，採用流傳中國民間的武松打虎為圖案。只見身穿藍衣的武松騎在一隻凶猛的老虎上，這源自中國的民間故事卻成為外銷泰國茶的包裝圖案。想必是為了讓異域遊子在品茗時，藉由茶的香氣引來的話題，促成再一次與原鄉的相會。

圖28

《圖29》以黑人為圖案的茶商標，是一種台茶登入非洲的宣示，也是台茶風光的一段記錄。非洲人喜歡喝包種茶，這可是史上首見記錄。以今日的記錄來看，非洲人喝綠茶，也曾向臺灣進口[25]，

這個以黑人為主的商標更扣連著非洲與台茶的一段過往。

圖29

顛龍倒鳳的趣味

《圖30》茶商標寫活了往昔生活的趣味。人騎馬、馬拉車原本是常態，卻出現反常：老虎拉車，貓高坐在車上持鞭鞭打老虎的樣子。這是「虎貓牌」的包裝圖案，此景好似卡通場景，卻生動地跳躍呈現在茶商標裡。

圖30

老虎在現實生活中是萬獸之王；但在茶商標裡卻只有挨打的份，呈現原來稱霸群獸的老虎，一下在武松打虎裡面被打，一下在「虎貓牌」中變成了坐騎，這難道也是一種品茶的趣味？

這張舞獅的茶商標裡《圖31》，以朱紅為底色，楊柳清木刻手

25國府時期，台灣外銷綠茶到東非時，甚至將糖混進充重量，以為非洲人喝了甜味綠茶不會查覺有異；那知東非人拿綠茶加進洗澡水，弄得一身黏答答...。台灣綠茶，從此成為拒絕往來戶！

資料來源：池宗憲，《臺灣茶街》，2002，宇河出版社

法，表現了中國節慶裡不可或缺的舞獅戲碼，難道這是在品茗閒聊中的另一種話題？

圖31

戲獅[26]是一種民間活動；但真人與獅搏鬥是一種高危險動作。這張「戲獅圖」商標有一名壯漢背負猛獅的圖案，真令人為這位壯漢捏把冷汗！

旁邊的馴獸師及大象的合影《圖32》，應是一種如馬戲團般的人與動物共舞的舞台，我們馳騁在茶商標這樣的趣味中，找尋茶商為了商機所設下各種能引起矚目的圖案和生活

圖32

26　舞獅也叫「耍獅子」、「獅子舞」，它與舞龍一樣，是中國的傳統舞蹈形式，也是一種春節的慶典活動。舞獅開始於南北朝，舞獅的形式多樣，大致可以分為北方舞獅和南方舞獅兩種。北方舞獅的外形與真獅很相像，全身獅披覆蓋，舞獅者（一般兩人合舞一隻大獅子）只露雙腳，不見其人。北方舞獅有雌、雄之分，還有文獅、武獅、成獅、崽獅之分。南方舞獅主要流行在廣東。這種舞獅由一人舞獅頭，一人舞獅尾。獅子的造型、式樣、顏色多與北方獅不同。

資料來源：http://shanghai.online.sh.cn/big5/about/newage/newage_1_03.htm

經驗，爲此我們不禁要對這些原創者的創意深感驕傲。

親赴選茶的敬業

《圖33》「駿馬標」是由怡和
街十九號「建成茶行」的黃清標申
請，於1906年10月23日通過，包裝
紙上封口的K.S.是「建成」英文縮
寫，圖案是一頂大紅官帽，插有羽
毛翎管。建成號所選用的商標還留

圖33

有滿清舊朝的思維，我想他應該不只是懷舊而已，而是藉當朝一品
官是種絕對的權威，來樹立茶專業的口碑。「建成號」用一品官[27]
帽做商標，不正宣告其茶正如一品官的權威。

---

27 中國的官僚體制從有「品」（公元２２０年）到無「品」（１９１１
年辛亥革命推翻清朝），其間歷經漫長歲月。公元２２０年，魏國認為
漢朝的社會不但用人風氣不好，而且制度也不規範和完善，於是由侍中
尚書陳群負責制定了「九品官人之法」，這就是有名的「九品中正制」
，把被選的官員按其家世、才能、道德修養，由高到低分成九個品級，
即「上上、上中、上下、中上、中中、中下、下上、下中、下下」，從
此中國的官員進入了量化分類制度。到了唐朝，文官的品階又有很詳細
的規範，品還是九個品，但品中又有階的分別，如正五品上，正五品下
，從五品上，從五品下。一品不分從，二品、三品只分正從，四品正從

「建成號」黃清標印製的包種茶包裝紙還有另外一款，圖案是一匹馬在中間伴著縮寫「KD」，註明：「黃清標親赴淡水選庄」，這是一種負責，也是對仿冒者的宣戰，我想在著作權未出現年代裡，在商標裡指控著仿冒者「子孫不興」或是標陳「親赴選庄」的意涵，應是等量齊觀的。

　　《圖34，35》1909年6月22日，從淡水陳記棧在茶商公會申請登錄的商標裡，一張寫有「馬家選庄」的包裝紙十

圖34　　　　　　　　　圖35

分特別：圖案是呂洞賓與花木蘭。利用木刻版加以黑白圖案表現，選的圖案是由中國民間信仰的延伸，我想這是要拉近與消費者之間的距離而設計認同圖案！

　　之中又分上下階，所以由「正一品（三師、三公）」開始到最後的一級「從九品下（下縣尉）」總共是九品三十等。

　　明朝的地方官中，「知府」為正四品官，「知府同知」（約為副知府）為正五品官，「知州」為從五品官，「知縣」為正七品官，「縣丞」為正八品官，「主簿」為正九品官，

舜末腳冷的奇喻

圖36

《圖36》當時位於大稻埕太平橫街錦祥茶行，每年外銷量達到十萬箱，光他一家就登陸了十三種商標：包括「走鹿標」「福元標」「福春標」「小鶯標」…等，這些商標登錄以後，他們就進行對外貿易，應用登錄商標將台茶銷往東南亞，以這張為例，下端印著THEE[28] SEMAR（即「舜末牌」）。

清朝的官制，可以說是中國古代官制的大成，但對漢族人當官限制較多，很少漢族人能當到一品官；但在清朝入關初時，為了穩定社會，拉攏漢人的知識份子，對新中的進士授予較高品的官，甚至是一開始就授給四品官，但後來很快又恢復過來，所以，五品官大約是現在的"副局級，正局級，副司級，正司級，副部級，副廳級，正廳級，副省級，副師級，正師級，副軍級"之間的官，

資料來源：http://juns.uhome.net/big5/feudal/ydd.htm

28茶的廣東話是CHA，閩南話是TAY，西方各國由兩者之一略加轉讀，如今採用廣東話CHA因葡萄牙人早先與廣商人接觸而得茶，及後荷蘭人、西班牙人則從閩南商人獲得供應，故茶的讀音由TAY以拉丁文譯成THEE，至於英國人、法國人乃從荷蘭人輾轉而得，故分別讀成TEA及THÉ。德語的茶是Thee，丹麥、瑞典語為Te。

資料來源：朱小明，《茶史茶典》，1982，北市：世界

用的是銅版套色印刷，在其主圖案重要部位套上金色來彰顯商品的
尊貴，這也是當年最具規模的茶莊所具備的商標，如今金色褪了，
茶行也走入記憶深處而鮮爲人提及了！

　　以下所呈現的都是錦祥茶行向公會申請的茶商標，有的是錦祥
茶行在海外的分行，有的則是在台北的本店。

　　《圖37》這張寫著「THEE PETROEK」
，使用的圖騰是當地南洋地區的吉祥圖
案。今日當地的皮影戲可見同樣的人偶
。由此可見，當時的茶商對於外銷地的
居民生活有充分瞭解，並掌握了常民生
活裡認同的吉祥圖像。茶商採納成爲商
標受當時社會牽動，卻成爲我們今日回
顧歷史的見證！

圖37

　　《圖38》錦祥茶行的另一款包裝，下
端印著「THEE CARENG」（即「腳冷」牌
）。我在還沒看到茶葉包裝紙以前，完全
無法瞭解「腳冷」兩字爲何意？甚至有些
研究茶葉學者牽強附會說是這茶名是因爲
爬山採摘凍頂茶會「凍腳」之故；事實不
然，這只是因爲茶商選用了當地吉祥動物

圖38

圖案爲商標，再以英文直譯翻成河洛話，便成了「腳冷」。

日治時期外銷茶時用的漢字，全部是用河洛話直譯成英文；或將英文用河洛話轉譯回來。這是研究此茶史不可不知！

錦祥茶行順應輸出國的民情與風俗，製成極具地方色彩的茶葉商標，這種行銷手法廣受好評。同時，錦祥茶行不免跟著製作了台茶外銷葫蘆標品牌的茶葉。錦祥茶行所採用的葫蘆標，基本的圖形構圖與「建成茶行」、「元隆茶行」無異。這也是那時代無法可管，沒有圖像創作註冊規定，所以不論大小茶行均可使用所致。

錦祥茶行茶包裝以「葫蘆標」爲底圖案，在葫蘆標的圖案上加了不同的顏色，或以葫蘆標僂空的刻法、或以滿版設色。除了葫蘆標用顏色區隔茶的種類，該茶行也利用英文字母單字，例如三個B或三個A，分隔茶葉等級，現存的商標中也可以看到該茶行用連蓋三個圓圈作爲品級區分。字母或圓圈代表的茶葉等級爲何？有待考證。在製作時間上，上述這些商標出現早於「舜末」「腳冷」牌。

一兩茶一兩黃金

《圖39》錦祥茶行的老闆郭春秧經營茶業致富，並成爲茶商領導者，他在位內最大貢獻是協商爪哇政府解除對台茶的禁令。1918

年，臺灣包種茶被爪哇宣布禁止進口，當時同業組合台北茶商公會
的評議員吳文秀與三寶壠茶商公會會長（台北錦祥茶行行主）郭春
秧出面斡旋，終於在1919年使爪哇政府頒佈解禁令。

　　郭春秧是三寶壠茶商公會會長，象徵著他掌控著在南洋的龍頭
地位，因此在茶葉商標的設計上，更見匠心獨運。他出品的「福春
」茶所設計的包裝紙，上面直接印著「郭春秧贌庄」。這是郭春秧
直接打出自己的名號，同時也彰顯了他的權威與專業。

　　錦祥茶行的郭春秧在南洋
稱霸，但是他也兼顧了當時大
陸武夷茶的市場。從這個商標
所印的「月桂奇種」來看，這
就是當時武夷茶取名的特徵[29]
。標示著三個A，應是茶葉特
殊品種。A的邊框上還留著褪

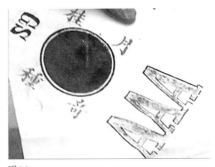

圖39

---

[29]武夷岩茶由於品種不同、品種差別、採製時期先後，歷代對岩茶的分類
　　至為嚴格，品種花色數以百計，茶名繁雜多樣。武夷茶的分類是有規律
　　的。武夷岩茶，今特指生長在武夷山上的茶葉，都是製成半發酵烏龍茶
　　類。其分類主要是根據品種、地域而定，依歷史沿革，先有岩茶、洲茶
　　之分，後有小種、奇種之分。資料來源：池宗憲，《武夷茶》，2002，
　　宇河文化出版社

色金線，似乎訴說著這茶的尊貴。

武夷茶的市場作不大；然而武夷茶貴氣，是茶中極品，當時規模較大的茶行也會涉入經營，並用高級錫罐來包裝。

我手上一對高85mm，口徑26m，底徑49mm的錦罐上寫著「錦祥茶莊」，底部也蓋著這四字，罐身除了有「錦祥茶莊　天心老欉大紅袍　住廈門橫竹路」字樣，這訴說錦祥茶莊出品的高級岩茶，以一兩錫罐上乾漆的包裝，據聞等值當時一兩黃金，可見茶的珍稀名貴了！

同一個茶莊也會出品副牌茶葉產品。這兩張包裝紙分別印著「金鷹茶莊」《圖40》與「吉利茶莊」《圖41》，但都屬於錦祥茶莊的副牌，都印有錦祥茶莊的英文縮寫「GS」。郭春秧以「大者恆大」的行銷觀念，統一原料供應，分割出不同品牌，做市場層級定位，並藉以區隔價格定位與行銷通路。這種作法不正如同法國五大酒莊的副牌出品[30]手法一樣嗎？

圖40

圖41

郭春秧之外，當時另一茶業鉅子陳朝駿也留下茶葉包裝紙，供今人領略到這位茶商的雄才大略。

　　1898年的台北茶商公會的名單上「永裕號」的登記地址是新興街第567番號，負責人爲陳玉露，到了兒子陳朝駿繼承後，他將茶行登記在大稻埕得勝外街七十一號，名爲「永裕茶商」。1907年1月起他陸續登錄的商標包括「新嗎花央」「義裕雙雞」「義裕花央象」「義裕四不相」「義裕花央」…等十二種。

　　這張包裝紙封口印著GJ（即「永裕」的河洛話發音的英文縮寫）。表現了陳朝駿經營茶葉的獨到手腕。他用大象做圖案《圖42，43》，大象在泰國是神聖的動物，應是作爲外銷泰國之用：他用中國吉祥圖案雙

圖42

圖43

30　副酒主要是釀製特級酒水平的酒莊釀造的。例如，拉圖酒莊釀製 GCC Chateau Latour，拉圖酒莊釀製的另一只酒—Les Forts de Latour，大概其質量和價格上較低，就是副酒。

　　資料來源：http://www.redwine.com.hk/news/viewer.php?id=92

雞《圖44，45》
，是隱喻著雙雞
為雙鳳，正是中
國民間流傳的圖
案，可與流行於
十七世紀中國青

圖44

圖45

花外銷瓷[31]的雙雞圖案互相輝映。

31　中國古代除將絲綢輸出外，瓷器在外貿中也占重要地位。從印尼雅加
　　達的漢代低溫釉陶器的出土，瓷器外銷早在東漢時期就已開始了。外銷
　　瓷貿易在唐宋時期已達到一定規模。

　　明清時期貿易瓷則是銷往歐洲的。1498年葡萄牙航海家達‧伽馬繞過
好望角，開拓了歐亞之間的海運事業。自此葡萄牙人最早從亞洲把瓷器
引進歐洲。1513年，第一位抵達中國的葡萄牙人阿爾瓦雷茲在離廣州18
公里的屯門上岸。1517年，裴雷‧德安德雷帶領8艘船抵達位于澳門
東南面的圣約翰島，開始了與廣州的貿易，以后更擴展至福州及寧波等
地。1555年，葡人在澳門建立了殖民地，從此中國外銷瓷大量運抵里斯
本。

　　第一艘荷蘭船在1727年抵達廣州，并且每年以3-6艘船來轉載貨物，成
為中國貿易的重要歐洲伙伴。當時世界上只有中國種植茶葉，這是外貿
中最主要的大宗商品。1680年荷蘭醫生邦迪高提出日飲200杯茶能醫百
病的論點，逐漸使飲茶成為歐洲時尚。當時歐洲各國與中國貿易時均成
立東印度公司。

　　荷蘭東印度公司、西班牙奧斯頓東印度公司以及英國一些公司均大量

坐滑翔機的大茶商

　　《圖46》陳朝駿所經營的「義裕選庄」茶葉包裝紙，以柯羅版方式印刷，顯現了當時茶商廣泛運用印刷媒材。另一張印有皮影戲圖案的包裝紙上還印著「登苔」，不就意味著這皮影戲的主角，正帶著茶葉登入消費者的生活舞台？另外印

圖46

著「陳義裕選庄」（　TAN GIO KIO，即「陳義裕」的河洛話譯名）　，是陳朝駿開設在南洋的支店。

採購茶葉。在返航的貨輪中，因瓷器沒有氣味，不會影響茶葉的質量，故采購瓷器墊在艙底，以防止海水和潮濕空氣對茶葉的破壞，又可適應歐洲人飲茶對茶具的需要。一個船底可放200只木箱，所載瓷器可達20萬－25萬件。當時以加欖船運輸進口瓷器，故稱為加欖瓷。他們均屬景德鎮產，大部分為青花，畫開光圖案，飾以佛道寶物，碗、盤中央多繪山水人物或動物紋樣。1625年荷蘭占據台灣後，直接向景德鎮訂貨，貨物多為歐式的日常用具，如啤酒杯、芥末瓶、壺、鹽尊、剃須盆、高身方形瓶等瓷器。因產生於天啟、崇禎年間，歐人名其為明清交替瓷。這類瓷器身較厚，燒造嚴謹，釉質瑩潤光滑，形制獨特，裝飾新穎，高身瓶及壺不開光，器邊多飾纏枝花卉、葉子、曲線、對稱郁金香等花紋。

資料來源：http://www.21ceramics.com/

陳朝駿，一個再鮮活出現台北城舞台的名字，很多人並不知他的生平，但經過台北市圓山一帶靠近台北市立美術館旁的這座都鐸式外觀洋房，想必是台北人童年的記憶。這座建築物的起造人就是陳朝駿[32]。這些包種花茶包裝紙都是從他旗下的事業單位製成，一張張交織出陳朝駿的茶葉王國：有設在台北的本店；有分銷南洋的支店。不同地區販售同樣的茶，確有多樣面貌的包裝形式，是今人研究茶史的珍貴資料。面對陳朝駿的經營版圖，後人冠予他「茶葉鉅子」的名號應是名符其實吧！

《圖47》這張包裝紙是以陳朝駿本人簽名為名而設計，茶商標的印刷精美，是銅板刻畫印刷，圖案是「魚化龍」，意喻「魚躍龍門」，上寫了一段英文「LIE DJIOE LAN–SOERAKARTA 1912」。

圖47

32　擔任「同業組合台北茶商公會」首任會長的陳朝駿，於1913、1914年
　　創建這棟私人別莊，作為招待當時台灣仕紳、日本官員、與海外嘉賓的
　　社交聚會場所，也是陳家家族成員聚會所在地。據說孫中山與胡漢民來
　　台時，也曾造訪過這座歐洲風格的洋樓。
　　資料來源：http://www.storyhouse.com.tw/

圖48

《圖48》以「陳朝駿」為名的包裝紙彰顯了他對品牌負責與提升。用他本人人像作商標，旁襯以蘇鐵花環繞著，書寫「義裕選庄」，另一面以英文花體字拼出陳朝駿三個字，這是陳朝駿獨具個人色彩的商標風格。

　　《圖49》陳朝駿喜愛西洋聞名事物，幻想自己坐在一架滑翔飛機上[33]，手拿著帽子與觀眾揮手，遨翔在天空裡。可見他對西方文

33 史上第一架飛機是由萊特兄弟發明的。威爾伯‧萊特(Wilbur Wright)生於1867年4月16日，他的弟弟奧維爾‧萊特(Orville Wight)生於1871年8月19日，從事自行車修理和制造行業，而奧托‧李林塔爾試飛滑翔機成功的消息使他們立志飛行。1903年12月14日至17日，他們製造的實驗機「飛行者1號」進行第4次試飛，地點在美國北卡羅萊納州基蒂霍克的一片沙丘上，由奧維爾‧萊特駕駛，共飛行了36米，留空12秒。第四次由威爾伯‧萊特駕駛，共飛行了260米，留空59秒。1906年，他們的飛機在美國獲得專利發明權。1909年，他們創辦了「萊特飛機公司」。威爾伯‧萊特于1912年5月29日逝世，年僅45歲。此後，奧維爾‧萊特主持公司30年，使萊特飛機公司成為世界著名飛機製造商，資金高達百億美元。奧維爾‧萊特于1948年1月3日逝世。

資料來源：http://celebrity.50g.com/htmlpage/newpage9.htm

化的醉心，如同作曲家羅浦契尼在義
大利生活時，浦契尼[34]將「茉莉花」
曲子改編為大型歌劇，他雖未曾到過
中國，卻用想像挾著樂曲進入中國，
我想陳朝駿的駕著飛機遨翔天空，背
後存在另一種況味！

圖49

　　陳朝駿雖然沒有眞正駕著飛機遨
翔天空，但在現實生活裡，他卻蓋了一棟哥德式別莊至今還留存著
，今日已成為「台北故事館」[35]。

---

34 威爾第後最偉大的義大利歌劇作曲家

　　1858 年 12 月 22 日出生於路卡，家族從高曾祖父起連續好幾代都產
生過音樂家，而父親則是當地教堂風琴師。父親除了在教堂演奏外也從
事作曲及教學工作，是地方上位活躍的名士，在普契尼五歲時因病去世
。普契尼小時候並沒有顯露出特殊的音樂天份，反而一天到晚四處遊蕩
惡作劇，儘管當時普契尼自己並沒想到要學音樂，但母親仍然讓他依循
家族傳統將他送到她先夫學生安傑羅尼門下接受音樂教育。

資料來源:http://catdrawer.hypermart.net/music/composer029.htm

35 三級古蹟「圓山別莊」於2001年封閉，經由北市府接收後，利用兩年
時間耗資近二千五百萬元修復，並由前國家文化藝術基金會執行長陳國
慈認養經營，於2003年以「台北故事館」面貌重新開幕。圓山別莊佔地
約1090平方公尺，建築主體為面寬約13公尺，進深約10 公尺，圓山別
莊的建築空間特色，過去皆以西歐的都鐸式（Tudor　Style）建築稱之

圖50

茶商標另一面印著一朵山茶花，印有「義裕選庄」，並寫上「GIE REU SANG & CO」（即為河洛話「義裕選」譯名）。

《圖50》「永裕茶行」支店做的包裝紙採用可愛動物為圖案：一隻白色狐狸狗與棕色拳獅狗作為延伸訴求。這樣的想法應

。圓山別莊其屋頂特徵為具有雙向交叉，陡峭傾斜的屋頂，垂直高聳的窗戶，在西側的起居室亦有凸出的窗前空間，圓山別莊的施工部分，於磚構部分，其外露之磚構表面平整，磚材經過選取，所以在色澤、尺寸上均一，但是在沒有外露處的砌磚則非表面平整，不僅表面不平整，連磚之尺寸也不一，磚的色澤也由灰黑色至紅色深淺不一，可見施工時因磚的品質不一，刻意將上等磚砌於外觀，次等磚則砌於牆內，外表再加上裝修。在構造的形式上為一樓磚構，二樓木構的半木構造，塔樓及煙囪部份為磚構造，屋架部份為木構造，特別是二樓的木構造部份為了仿半木構造（Half Timber），在造形的考量下，二樓的外牆及山牆面上釘上直線、曲線形狀的木板，形成具有豐富表情的牆面，也表現出歐洲鄉村別墅的休閒風味，從二樓露出柱樑的形式，可以看出與英國的半木構造較接近，圓山別莊建築的外部入口玄關或開口部磚構外觀的建築語彙，是古典系統的建築樣式。而圓山別莊落成當初在門窗的設計上，受到歐洲新藝術運動（Art-Nouveu）的影響，呈現出曲線的窗櫺。

資料來源：http://webca.moi.gov.tw

是源自西方社會人們愛動物，使將寵物放在重要地位與人們生活互動。這種採用了狗或貓來行銷圖案，不正是臺灣茶商接軌西潮，放眼世界的例證。

「永裕茶行」申請登記的商標，取得註冊權的就有十八種：魚虎標、人像標、飛行標、雙雞標、象、貓、西美人、壽星、獅狗、金魚…等，都有許可號碼與審核日期，又可見陳朝駿多面向行銷的長才。

悠閒生活品味階級

《圖51》陳朝駿懂得將動物視爲商標成爲西方時尚的象徵。他同時引進西方不二價的行銷手法。這張「陳永裕」選庄的包裝紙，用了曾活躍臺灣的梅花鹿[36]爲圖案，還印製了「價不二」字樣，陳朝駿引進西方價格統一化與規格化概念與作法。包裝紙封口上印有英文「GID JOE」（即「義裕」音譯）。

圖51

36　黃淑璥《台海使槎錄》記載：「台山無虎，故鹿最繁，昔年近山皆爲
　　上番鹿場。」台灣梅花鹿、偶蹄目、鹿科，僅產於台灣島的特有亞種，
　　棲息於海拔二百公尺以下的叢林草莽，在秋季交配，懷胎八個月，次年
　　四月至六月間可以生下小鹿。台灣從遠古的鹿群遍野，到荷據時代年產

圖52

《圖52》陳朝駿將他的名字翻成英文，一氣呵成連成一排TANTIAUCHOON，可以拆解為TAN（陳）TIAU（朝）CHOON（駿）三字。字的上下環繞香花，同時在紙的左上與右上角，畫了兩隻手指著這些花材。這不正說著陳朝駿評選花材的專業與權威？

一張包裝紙幾像西方的商店招牌格式，藤籃裡放著一隻小貓，左右對聯書有「壟川義裕號銷售　淡水陳朝駿選庄」。這說明陳朝駿選茶專業，也在圖案中流露主人布爾喬亞階級[37]的生活品味？這張《圖53》包裝紙的圖引出自西方的名畫，畫中的三貓戲毛球，不也是悠閒生活下的產物？

圖53

十萬張鹿皮，過度的濫捕及平原棲地永久性消失，梅花鹿終於在野外完全滅絕，僅剩少數人工養養。資料來源：http://www.frontier.org.tw

37　十九世紀歐洲展演出的一種社會階級，他們有錢有閒，追求品味。我們今天視為進步象徵的許多消費形式、物質科技的使用、甚至思想觀念的啟迪，早在樸素的十九世紀，已經是布爾喬亞階級生活的一部份，例如：百貨公司的消費方式、對運動與旅行的注重，流行時尚雜誌的出現，科學知識的普及……還有對更精緻生活的追求，如香水、時尚服飾等等。資料來源：http://www.cite.com.tw/product_info.php?products_id=6378

圖54

《圖54》陳朝駿對於象徵豐杯的勳章與獎牌情有獨鍾，因此在他的茶包裝裡面也出現了勳章式的圖案，以勳章為主，中間打上「芳」字。另一張，藍寶石色的盾牌圖案上，有騎在太陽上吹著號角的騎士，則又是一種英雄式的宣告：陳朝駿選茶，專業！。

圖55

《圖55》包裝紙上印著兩支吉他。以樂器作為包裝訴求反映了陳朝駿生活的一環，他是否也是一位音樂愛好者？另方面，陳朝駿也善用柔性訴求，找來樂器做商標，這是他外銷到爪哇的產品。

茶葉包裝紙型構了一段包種茶外銷的歷史縮影。商標中有茶商的用心，有當時茶與社會的互動，有茶商個人品味與嗜好的結合，也有外銷分銷點的風土情調，更是臺灣茶史的深層結構中最殷實的基石史料！

茶包裝紙用自己身上的史實寫下台茶的歷史，是今人重新審視的史料，她們有台茶品牌聚焦的話題，她們是臺茶設計的先鋒，更是台茶躍居國際市場的要角。

第四章
人間瑞草　手工製

第四章 人間瑞草 手工製

打油詩製茶訣

　　一首來自坪林茶農的打油詩，共十六行，每行七字，計一百一十二字，道盡了包種茶的製法與其品質好壞的關鍵！打油詩詞內容如下：

　　茶幼愛長柯愛軟，

　　幼茶水大親手伴，

　　柯茶減遍接手捒，

　　高雲濕輕低雲重，

　　雲高正常茶會香，

　　雲低濕重拖時間，

　　三遍還是行水時，

　　水行不順賣沒錢，

　　炒茶不要趕時間，

水那走透茶就香，

四遍以後發酵庚，

發酵順利會香死，

功夫在手看天氣，

要製極品變天時，

天氣那順大家香，

壞天要香沒幾人。

我根據清境茶莊蘇姓茶農的解說如下：「茶幼」指的是茶的嫩葉，「柯」指的是茶的老葉，意指做茶要採茶時，遇到嫩葉要採長一點，遇到老葉要採短。

嫩茶的含水量高，在萎凋時要輕輕地用手攪拌。老的茶葉拌茶時間要減半。

遇到雲層高的天氣表示拌茶要輕，雲低時拌茶就要重，雲層高時茶較容易表現出香氣，雲低時濕度重，萎凋時間要拉長。

攪拌到第三遍時還是在「脫苦水」[38]，若脫苦水不順，茶苦賣不到好價格。

炒茶菁時要能觀察各種變化因素，不可匆忙。「苦水」脫得順利所製茶質較容易散發香味。

走水第四遍後就會形成綠葉鑲紅邊的發酵程度，發酵過程若進行的順利，則香味極佳，當時的製茶人就用一種極致的形容，如同「香煞人也」，這也看出茶農用最底層的聲音表現出對茶的禮讚。

---

38 要製造發酵茶的茶青必須先進行萎凋，所謂「萎凋」就是讓茶青消失一部分水分，因為只有讓茶青消失一部分水分，空氣中的氧才能與葉胞內的成分起化學變化，這化學變化就是所的「發酵」，是發酵茶很重要的製造過程。萎凋分為「室外萎凋」與「室內萎凋」，室外萎凋就是放在陽光下晒太陽(太陽太強時要遮陰)，看茶青變軟後就要搬到室內來，從此稱為室內萎凋。搬到室內後，首先讓茶青放著不要動，稱為「靜置」，這時葉子中間的水分就會補給到葉尖與葉緣去，因為這些部位是水分向外散發的地方。經過一段時間的靜置(如一個半小時)，水分已經分佈平均，將茶青「攪拌」一下，促使水分繼續散發，接著又是「靜置」，使水繼續分佈平均。就這樣一次的攪拌，一次的靜置，直至葉子的每一部分細胞都平均消失到我們期望的水分為止。萎凋在製茶上又稱為「走水」。資料來源：蔡榮章，《臺灣茶業與品茗藝術》

製茶的人功夫再好仍是要看天吃飯，受到天氣影響。因此極品茶都是在變天時出現，換言之，採茶時若是天晴，忽然下起毛毛雨，就是一種變天，這時製的茶就會比較好。天氣好時製茶，茶香易表現；壞天氣是很難製出好茶的。

上述一百一十二字打油詩道盡天、地、人三者影響茶質好壞，偏一不可；然而在茶農精簡的打油詩之外，這全然以經驗的概念濃縮的內涵，反映著：臺灣所產包種茶的製造一點不馬虎。

這首歌唱出包種茶的製茶法，但若深入瞭解整個製茶，就發現製茶工序不簡單，受變動天候因素、地理因素、人為因素影響甚巨，但經由學者的彙整和歸納，包種茶的製法嚴謹，且由毛茶開始就要留心，臺灣製茶技術尤以半發酵青茶有良好基石，；但對於製造包種花茶製法以淡化、簡化了。

包種花茶製茶分粗製、精製兩大項目。以林馥泉的《烏龍茶及包種茶製造學》記錄，最能彰顯這兩種包種花茶工序和內蘊，將其

程序彙編如下，同時也對今日包種茶的製法流程做了古今對照。

採摘茶菁

　　製造包種茶的茶菁，比製烏龍茶的茶菁較爲粗大，原因是，包種茶重茶香之高揚，而見茶菁粗採可以增加產量。日治時期，採摘以秋季爲主，並臺灣包種茶以二回採摘，一回爲秋季，第二回是白露茶。但是，這種採摘已不合現代經濟效益，現今，採摘的季節是一年採四、五次。

日光萎凋

　　製包種茶的日光萎溫度，以攝氏30-35度爲宜，時間爲十到二十分鐘，如溫度過高到攝氏四十度以上，必須提早收入室內，這是包種茶保有清香的秘訣所在。日光萎凋時間不宜太長，以防水分

減少。林馥泉認為：為使鮮葉水分平均蒸發，故翻轉次數較多，以促水分平均蒸散。至攤葉數量大體上來說，每一平方公尺攤葉量約為0.3-0.4公斤，攤葉之厚薄亦隨日照溫度高低與風力大小轉移，無法一概而論，必須從經驗獲得良好技術；至萎凋用具則與烏龍茶所用無異，及麻布埕與笳笠。

　　包種茶經過萎凋以後，茶葉減少含水量情況來看，比烏龍茶少了一半。可用下表說明：

鮮　葉　種　類	烏龍茶水分減少率	包種茶水分減少率
水分較少之葉	6%-12%	4%-6%
水分中等之葉	12%-17%	6%-8%
水分較多之葉	16%-20%	8%-9%
水分特多之葉	20%-24%	10%-12%

資料來源：林馥泉，《烏龍茶及包種茶製造學》，1956，台北：大同

為了提高產製水準，早在民國四十年代，當時臺灣省平鎮茶葉試驗所改良設計適於半發酵茶萎凋及殺菁兩用之熱風乾燥機實驗，於各不同時期生產，不同品種以及不同氣候等變因下不斷實驗，以作為包種烏龍茶等半發酵茶類製造之藍本。實驗證明，利用乾燥機的熱風，確實能代替包種茶及烏龍茶的人工萎凋法，此機械熱風新法製成的成茶品質，確較日光或暖室萎凋品質為優。

室內萎凋

　　室內萎凋處理得當與否，成為製茶品質好壞關鍵。包種茶的香氣高低強弱，完全要看萎凋與攪拌技術。攪拌操作最主要目的，乃在令動作使鮮葉彼此相互摩擦與碰撞，使葉緣細胞被擦傷破壞，促進局部的發酵作用。製造包種茶因所發酵的程度，僅為烏龍茶的一半，故鮮葉的攪拌程度也只要烏龍茶的一半。包種茶葉緣發酵程度，僅於葉緣鋸齒進入葉片兩三公釐。

有關攪拌程度影響發酵程度，若攪拌下手過重，發酵太快，鮮葉過度發酵，葉片「積水」[39]，香氣不揚；反之，攪拌不足，香氣不見了，還會有一種臭青味[40]。因此，在攪拌後的靜置時間，在製造包種茶，鮮葉行室內萎凋與發酵處理時，其間靜置之處理和製造烏龍茶之靜置處理無大差別。鮮葉經日光萎凋後初時因水分減少率較製造烏龍茶為少，所以鮮葉收入室內不立刻給予攪拌，即先將鮮葉攤放靜置，以促水分繼續蒸發。經兩小時之靜置，輕輕翻動一兩次以後，才可開始正式攪拌，也就是使鮮葉含有物變化進行到相當程度，才能促進其化學之變化，這和製造烏龍茶室內萎凋的處理稍有不同的地方。

　　茶農陳添進說，靜置時間的長短，有時可以按照經驗用「聞」的！茶農說聞茶葉萎凋後產生的香氣，就可以判斷靜置時間是不是夠了，這是製茶的玄妙之處！

39　一般又叫「水管味」，即香氣悶在茶湯裡，無法發揚。

40　製茶時，以瓷杯試茶，最易品出這味，像似青草味，漂浮在茶湯表面，正確的香應具有花香、果香才對。

至於室內萎凋的過程中，包種茶攪拌輕，僅將鮮葉輕輕攪動翻轉，其操作僅能徐徐為之，用力輕且甚為敏捷。其法：日光萎凋適宜之鮮葉，收入室內略予攪拌，即薄攤靜置之。如因日光萎凋時日光過度強熱，鮮葉提前收入室內者，不可立即攪拌，必須薄攤於笳笠上靜置二、三十分鐘，補足日光萎凋後水分蒸發之不足，才可輕輕將鮮葉翻轉。其後再將茶菁薄攤於笳笠上，每平方公尺攤葉0.3-0.4公斤，靜置一小時，待鮮葉稍稍萎縮，並發出清新的芳香時，加以翻轉數回，再靜置一到二小時，施行第三次攪拌。其後茶菁攤放逐漸加厚，再靜置五十分鐘，此時葉片略彎成湯匙弧度，清香之氣益強。直到茶葉之水分蒸發與發酵作用應可均衡發展，可進行第四次攪拌。此次攪拌程度若不足，則不能充分發揮其香味，反而有一種臭青味；若攪拌過度，則茶葉發酵變紅部分過大，易製成烏龍茶之形狀，香味不良。此次攪拌後的靜置時間約為烏龍茶靜置時間的一半。

　　如是詳細記錄，都是按實際親自操作所得，但施行室內萎凋所需時間及攪拌次數，由於茶樹品種與茶葉中含有水分之多少而有差

別。攪拌與靜置的處理又隨著許多外界的因子多少有變動。製造過程中，視茶菁原料的性質，斟酌外界各項因子的關係來處理，才能獲得品質優良的成茶。此即「看天做茶」「看茶做茶」。台北縣坪林鄉祥泰茶裝馮添發老茶農說，看天做茶，在乎一心。

炒菁

　　鮮葉經日光萎凋與室內萎凋及發酵處理以後，各種變化至一定程度時，便需進行炒菁。炒菁即以高溫殺菁，為鮮葉處理達到製成良好包種茶之程度時，即用高溫停止氧化酵素之活力，固定茶葉之性質。一方面以蒸熱作用軟化葉之組織，便於揉捻。

揉捻

　　包種茶的揉捻主要是為了保持茶外型美觀和提高香氣，在揉捻

時受到鮮葉粗嫩、殺菁程度、品種差異、茶葉生產季節，以及市場
的需求程度不同而出現不同揉捻程度。

　　林馥泉記錄，包種花茶外銷東北，較喜條索細小而色澤青翠者
，揉捻時，機械迴轉宜稍快，使茶葉外型美觀。如銷越南泰國及南
洋群島一帶者，較注重茶湯品質，不重茶形，揉捻時揉捻機迴轉數
可略慢，時間稍長。

　　今日包種茶在八零年代以前，市場較重喉韻，喜歡清香口味，
揉捻所用的時間就較短，為的是求得包種茶的好香氣！

　　當然適度揉捻後，也要適時解塊，否則易引起茶葉發酵紅變，
然後進行烘焙，藉高溫以停止茶葉中易氧化的酵素，以防止過度發
酵影響品質。

　有關烘焙問題，林馥泉認為有兩大原則：

1. **保持包種茶特有色澤**：是一種淡綠略帶黃色。這種淡綠帶

黃的茶葉，初乾時焙火溫度宜低，第二次烘焙後，攤置時間亦需較久。因茶葉中殘餘的酵素，在較低溫乾燥時，尚能繼續進行輕微發酵，直接促進茶葉之若干黃變。

2. **保持包種茶特有之香味**：良好包種茶貴在香氣高強，茶廠通常用乾燥機乾燥，大都以焙籠烘焙之。所採用之焙火溫度較一般為低。雖然茶中一部份游離香質隨烘焙時水分之蒸發而揮發，但並不至太影響茶葉本身之香氣。但總應該一面力求焙茶時香氣損失份量之減少，一面力圖講究「火路」，藉以增加茶之香味。與焙籠比較之下，使用乾燥機較易使香氣蒸發，故高級包種茶之烘焙，最需注意焙火溫度及烘焙次數及時間調節。

祥泰茶行的馮明忠也有上述的焙火經驗，他認為這才是保有包種茶鮮活好滋味的製茶工序。

對於烘焙方法，大部分是茶農焙好茶、賣好價的竅門，儘管學者寫的頭頭是道，但實務操作中卻不是這麼回事，主要關鍵在於：每回遇到的茶葉情境不同，無法用「標準」去制定。

職是之故，我們今日回看當年的林馥泉忠實記錄，更成為包種茶製造學的範本時，同時找回坪林茶農經驗談，去重建製茶的完整架構如下：

　　文山包種的製造流程為：

一、日光萎凋之目的：

　　日光萎凋或熱風萎凋是藉太陽或熱風之熱能，加速茶菁水分之蒸散，減少細胞水分含量並減低其活性，致細胞膜半透性消失，使細胞中各化學成分，尤其是兒茶素類，得以藉酵素氧化作用引起發酵之進行。

二、室內萎凋及攪拌之目的：

　　繼續日光萎凋或熱風萎凋所引發之發酵作用，使茶菁繼續進行部分發酵，引發複雜之化學變化而生成包種茶特有之香氣與滋味，此為室內萎凋的目的。攪拌係以雙手微力將茶菁翻動，使茶菁發生相碰摩擦，引起葉緣細胞破損，促進發酵作用，同時藉翻動使茶葉「走水」平均 。

三、炒菁之目的：

　　以高溫破壞酵素活性，抑制茶葉再繼續發酵，以保有包種茶特有的香氣及滋味。炒菁時茶菁水分大量散失，使葉質柔軟，便於揉捻成條與乾燥處理。

四、揉捻之目的：

　　藉外力使茶葉捲曲成形，外觀美麗，並破壞部分茶葉細胞組織，汁液流出黏附於茶葉表面，沖泡時可溶成份易於溶出，加強茶湯滋味解塊之目的：

茶葉經過揉捻壓迫擠出茶汁，沾黏於茶葉之表面，茶葉捲縮互相黏結成塊，不利於乾燥作業，經解塊後茶葉散開以利乾燥均勻。

四、乾燥之目的：

以高溫抑制茶葉中殘餘之酵素活性，使茶葉不再繼續發酵而固定。

上述工序流程，表現了製茶精密度，而在此之前的粗製茶還得精製，這也是台灣包種茶外銷致勝關鍵所在。

精製提高茶品質

粗製後的茶稱為毛茶。毛茶是半成品，品質不夠純淨，必須精製，當時這也是外銷的重要指標。

精製茶葉可去除有損茶葉品質的雜物，同時製成條狀茶葉型態

，將長短、粗細、體積、輕重不同加以精製，以合乎出口規格，並依照市場的需要進行茶葉分級，以配合外銷地區的口味，迎合市場需求。

另方面，精製茶對於提高茶湯品質有關鍵要素，經由精製工序中的焙火，讓茶湯滋味變得更圓滑甘潤，並由此形成茶葉的蘋果香，尤其是包種茶的外型不討好，成條索狀，茶香味湯滋味就成爲成品茶的勝負關鍵，夠過精製工序成爲包種茶成品的優劣，並爲茶葉產值加分。針對精製方法的程序而言，首先是：

一、毛茶品質之鑑定

包種茶外觀約佔百分之三十到四十，茶湯（包含葉底）佔百分之六十至七十，高級包種茶香味比例佔分特多，而用作薰花茶之包種茶，則乾茶與茶湯之品質，則又前者較後者重要，外型貴在幼嫩尖細，色澤淺綠，能有芽尖更好，香味清淳，水色淡黃鮮嫩。

經由品質鑑定，接著是決定精製技術。

包種茶的精製技術，林馥泉認為包括下列各項：

1. 毛茶之合堆：此乃是就市場的需求，考慮其品級、數量、成本，比較最有利之條件，決定分批加工，選定做同批加工之毛茶，以便合堆處理。

2. 指示毛茶應「補火」程度：即焙火之高低，烘焙時間之長短，入茶數量之多少，分別註明。

3. 整形作業之指導：這說明毛茶精製應用何種機具，如何切斷篩分，如何去除雜物，使成品合乎規定標準，並儘量提高精製率。

4. 決定配合方法：指示篩分提製之各號茶葉，應配合之份量與方法。

5. 指示成品茶之儲藏與包裝方法：配合成堆之茶葉，如不立即出口，應如何儲藏以保持品質。如欲立即出售，則應說明包裝材料及方法。

6. 指示副茶之處理：此即指示茶頭、茶梗、茶片、茶粉之分別處理，並說明儲藏或包裝方法。

二、揀剔

精製中馬上進入揀剔。人工揀剔方法有二：一用筛笠分工揀剔，另用轉動揀茶機數人合作揀剔。各茶廠視製茶數量設置所需台數，並無一定。

三、補火

補火適宜與否，決定茶葉精製成敗。補火是改善茶質不可或缺的，這項工作通常由技術老練之茶師監督處理。高級包種茶之焙火，通常採用焙窟以木炭烘焙之。中下級包種茶亦有用乾燥機烘焙。焙火後進入焙茶程序。

四、焙茶

往昔，焙籠間裡是決定焙茶的決戰地，所謂茶為君，火為臣。如何要適宜輔佐君，焙出佳茗，在當時每次焙茶的量，焙火溫度、焙火時間、烘焙次數等，多得靠經驗。

由於焙籠間均持炭火焙製,其間每一道工序都攸關茶質之優劣,因此焙茶師的功力高下亦成為關鍵。目前臺灣的炭火焙茶,已成為高級茶量身定焙。一般而言,焙茶以俗稱「冰箱」的焙茶機!

經由精製的焙茶工序後,還得加以「整形」,即篩與切斷,目的是為了使毛茶葉型整齊,並篩選出雜物。過去這項工作由手工進行篩製,而今機械揀茶,可省人力增加效率。

毛茶不論用手工或機械篩分整型以後,提出了副茶,即為各號的半成品茶。所謂半成品茶,則是已經成品而未拼堆混和的茶葉。這些篩分清楚的半成品茶,如茶葉已可決定等級出售且已補火完成者,即予拼堆混和儲藏或包裝。如為決定等級且未經補火者,則分別入庫儲藏,後售貨決定時,再行取出補火混合成堆出售。

五、拼堆

拼堆是精製完成後包裝以前的重要作業。此一工作係將精製完成各號半成品茶,依照品質鑑定決定,就各號茶葉配合數量提出,

並依其配合量比例，決定拼堆方法。

　　拼堆處理所要憑據的，最主要是照成交小茶樣。大堆茶葉力求和小茶樣能完全完全相符，但是往往限於茶葉的品質數量與成本關係，尚有斟酌考量餘地，亦即每每可運用配合技術，大到貨品對樣而成本又可減低，獲得較豐利潤之目的。是以分級標準之研究，與拼堆技術之決定，關係每一批茶葉販賣成敗甚鉅。

　　我們從包種花茶的精製、粗製工序中，可看到製包種茶的縝密和費時費工：然而時至今日，包種花茶因外銷市場不再，包種花茶的製造已不復風光，在包種花茶逐漸凋零時，反而是原本包種素茶的生產和市場流通活絡不斷，在台灣島內大放異彩！

南港茶業製造示範場。（作者攝）

流程一：熱風萎凋機代替日光萎凋。（作者攝）

流程二：萎凋。（攪拌用
的攪拌機）（作者攝）

流程二：萎凋。（靜置）
　（作者攝）

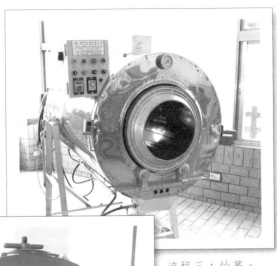

流程三：炒菁。
（作者攝）

流程四：揉捻。
（作者攝）

流程五：初乾。（此為「乙種乾燥機」）

（作者攝）

解球丸機。（作者攝）

布揉機。（作者攝）

布揉機。（作者攝）

望月型揉捻機。

（作者攝）

木製揉捻機飄香。（作者攝）

晾菁用的竹架子放著層層竹篩。（作者攝）

攪拌用的笳笠。（作者攝）

阿嬤見證包種茶歷史。（作者攝）

上-解塊機;下-乾燥機。(取自《爪哇之茶業》)

上-女工們篩選再製茶；下-包裝。（取自《爪哇之茶業》）

上、中—包種茶工廠：下—炒茶。（取自《爪哇之茶業》）

第五章
文山包種　很優

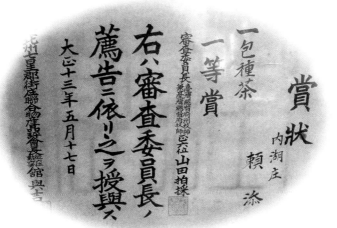

第五章 臺灣文山包種 很優

　　包種茶製成包種花茶一度風靡了南洋地區。無奈物換星移，包種花茶的光環不再了！包種素茶卻一直勇於開創，與烏龍茶互別苗頭，走出自己的路。

　　包種素茶在產區分佈有其特殊性，自然塑成北台灣茶特產的風韻，因此「北部包種茶」成為茶域裡的特殊空間意涵。「文山」包種茶的叫法，更是懷抱著歷史情愫的傳承！

　　臺灣地方史或鄉鎮縣志中，常擴大解釋，把可以製成包種茶的製茶的原料單一化，直叫「包種茶」或「烏龍茶」，誤使外界以為惟有當地的單一茶種只能生產出一種茶！事實上，文山地區種的茶樹也可以用來製造烏龍茶！南投茶區也可生產包種茶。換言之，製茶原料可依照製茶工序呈現不同茶的稱謂。

　　今日，包種茶有著百年歷史傳承意涵，她已在台北茶區自成一格，成為地域性的特產。「文山包種茶」叫來已經習慣，並就以為是北部產的清香茶葉，事實上她身後卻隱藏了一段身世。

一、包種茶命名：

　　包種茶的命名，根據日人井上房邦式調查指出，包種茶是福建

安溪人王義臣所創，他沿用武夷岩茶的製法將茶葉製成後，用方形的福建毛邊紙兩張內外相襯，放進四兩茶葉包成長方形的四方包，四方包外蓋上茶名以及茶行的行號印章，淵源如此包裝形成了「包種」茶的稱謂。

二、包種茶先河

　　1881年，福建同安吳氏開設「元龍號」茶廠，經營製造包種茶，開臺灣包種茶之先河，後來福建安溪茶商王安定、張占魁合開「建成號」，專門從事包種茶的買賣，並將臺灣的包種茶先運到福州加工以後再轉售圖利。

三、包種茶首植

　　1885年，福建安溪王水錦跟魏靜到了台北州七星郡大內樟腦寮（即今台北市南港區大坑一帶），他們看當地的氣溫雨量土質適合茶樹生長，於是在該地種植茶樹，也使南港成為北部包種茶的發源地。

　　王水錦和魏靜時開闢的茶園在今南港一帶，他們造就了南港依靠包種茶打天下。同時南港也生產茶菁提供作為烏龍茶原料。嚴格說，南港種的茶原料均供應成為製造烏龍茶或包種茶，只是後來市場供需要求而走進專以「包種茶」為主的生產地。

四、包種茶買賣

　　將北部茶區生產茶單一化，是不夠周全，如今台灣史上每每提及這段歷史就出現問題，就如同〈台北最早的茶鄉—深坑初探〉一文的記錄：

　　1850年代臺灣只有兩處可見茶園，一在深坑，一在坪林尾，但日治前夕，北部丘陵台地已處處可見茶園，臺灣傳統的北部茶園空間於是形成。由此可知，北部傳統茶園空間的形成，實因其本身自然環境的適合及清領時期臺灣經濟社會之需求而致。但由於茶葉的生產、製造、包裝技術過於簡陋，而且接近番區，時有番害，並沒有獲得預期的經濟價值。

　　上述說的深坑、坪林尾茶園的闢建在那最早生產茶的史實。然，對茶的生產模式不瞭解，就以為能提供單一茶菁，又冠上該地是「最早種植包種茶」或「最早種烏龍茶」的封號就是最早老茶區，如此論斷，有待商榷。

　　就如同前述，同一地區種的茶，可以生產包種茶，也可以作為烏龍茶原料；然而，史學家和目前臺灣刊印的茶史史料中卻出現以偏概全的落差，這也說明茶樹可做不同茶種的特殊性：

一、《淡水廳志》說：「…茶之佳者，為淡水之石碇、文山二堡…道光間，運往福州每擔需入口銀二圓，方可投行發賣。迨同治元年

，滬尾（淡水）開港，外商漸至。時英人德克（即杜德）來德記洋行販賣鴉片、樟腦，深知茶業有利。四年，乃自安溪至茶種，運售海外。…夫烏龍茶為台北獨特風味，受之美國，銷途日廣，自是以來，茶業大興，遂可值二百數十萬圓。」

二、張明雄《三百年來臺灣茶葉的拓展及其成就》提到：台北近郊除文山茶區外，尚有七星、基隆及海山茶區均有大量茶葉的生產。因而臺灣通史農業志上說：茶之佳者，為淡水石碇、文山二堡，次為八里上分下土堡。而至新竹者曰埔查，色味較遜，價亦下。

上述兩段文獻解釋石碇、文山二堡產好茶，那麼這些茶是做成包種或烏龍茶則沒有說清楚。換言之，我們無法得知這裡說的粗製茶是烏龍茶還是包種茶？職是之故，到後來史家記錄茶史時，難免出現混淆的看法，儘管史學家愛品茗卻錯置了茶種。連橫在《劍花室外集》中說：新茶色淡舊茶濃，綠茗為清紅茗穠；何以武夷奇種好，春秋同挹慢亭峰。安溪競說鐵觀音，露葉疑傳紫竹木；一種清芬忘不得，參禪同證木犀心。北台佳茗說烏龍，花氣氤氳茉莉濃；飯後一杯堪解湯，若論風味在中庸。

連橫心中的臺灣佳茗是「烏龍」，但他又說「花氣氤氳茉莉濃」，顯然指的是包種花茶，才有薰花才有茉莉，而當時出品的「烏龍」茶是素茶，沒有放花去薰製，而烏龍茶的產製與包種茶涇渭分明，連橫或用文人的心情去描繪茶香，然而他真是品茗高手，懂喝

武夷岩茶的奇種好，能得岩韻之眞味，又何以無法分辨沒有加鮮花焙製的烏龍茶？與包種花茶的不同呢？

事實上，烏龍、包種茶可用相同茶菁製造，卻因製法不同而出現不同稱謂，另方面沒有分清茶種，便用自己主觀的認知，才是記錄茶史的盲點。包種茶也分成包種素茶與包種花茶兩種。

花不花不一樣

在歷史的軸線上，用心者就會弄懂茶的本性，日治時期將臺灣茶視爲重要財源。日治總督府已察覺文山堡包種茶的自然香氣有別於包種薰花茶。純包種素茶不需與花朵混合薰花就會散發出自然的花香，這是因爲土壤與氣候所醞釀。

目前所見史料與記載未能給花茶與素茶正身。事實上，早在日治時期的包種花茶獨樹一格，並有別包種素茶，而在市場各領風騷。只是史料用茶代之，而不明白分類，下面記錄可說明：

大正年間，台北廳設有五十三個區，除了艋舺、大稻埕、大龍峒、枋橋、新庄、二重埔社仔、尚洲、淡水、澳底之外皆種茶。當時種茶面積以水返腳支廳下之二千六百二十一甲七六爲最多，其次是新庄、淡水深坑等。當時的台北廳下的茶園貧瘠處較多，以土地

傾斜度來看，最適種茶與產茶品質最好的。

　　大正時期的統計分析文山堡（深坑新店一帶）、石碇堡、水返腳及其鄰地南港地方生產品質優良；其次是枋橋（今板橋），淡水支廳所屬的區域產茶品質最差。其中的文山堡因地理環境佳，故以出產好茶聞名；錫口支廳下的南港大坑庄的包種茶更是「冠絕全島」。

　　包種素茶的純正風味，漸成市場主流。包種素茶從日治時期到今演出精彩的茶故事，由台北縣各鄉鎮誌中可看出當年茶業的榮景。

　　包種茶藉著在南港、深坑、石碇、坪林等鄉鎮為舞台。每一鄉鎮出了一鎮誌，都會將「包種茶」引為重要「地方產業」；時至今日，「文山包種茶」已概括所有產區的茶種。事實上，日治時期的包種茶產區品質與現今大不同，也造就了各行政區內包種茶有各自特質，這又如同法國Burgendy產酒的小農莊獨具特色，更能彰顯風華，更由於酒商懂得順勢造勢而生極高產值；相對而言，只將南港、深坑或坪林所產包種茶，放在「包種茶」名下可惜了！

　　我以為，各茶莊、山頭產製的茶原本各有特色，原就可以各領風騷，絕非今人所稱「包種茶」，將小產區擴大成為大產區，是無法加分的！如何重新建構各區包種茶的風華，得要各地茶區茶農自

覺才行,才能發揮其累積的茶文化產業資本。否則,包種茶已成了一種象徵強調香氣的茶,甚指為「清茶」。外界看她就只在「重香氣、不耐泡」的刻板印象了。

　　目前本省所產的包種茶則以台北縣文山地區品質佳,所以外界稱「文山包種茶」,事實上文山應包括台北縣坪林、新店、坪林汐止深坑汐止石碇南港等區,種植區約有兩千三百多公頃,茶園分佈於海拔四百公尺以上的山區。

　　1998年的統計將文山茶區涵蓋分佈在台北縣的新店市、坪林鄉、石碇鄉、汐止鎮、平溪鎮、三峽鎮及台北市南港等區,以坪林鄉1000公頃最多,其次是石碇鄉500多公頃。(詳見下表)

鄉 鎮 市 別	種植面積(公頃)	生產量(公噸)
新店市	250	188
坪林鄉	1000	800
石碇鄉	560	444
深坑鄉	25	20
汐止鎮	20	16
平溪鄉	65	32
三峽鎮	450	336

資料來源:台北縣政府,1998

　　由此看來,坪林鄉目前擁有包種茶量多的絕對優勢;當然大文山地區的包種茶擁有著一身歷史風光,只是部分產茶地產茶量降低

了，甚至有的產區或只留下少數製茶記錄，有的則淡出歷史長河裡，沒人提及憶往了。我實地查訪大文山地區鄉鎮，才發現原來的包種茶在北臺灣擁有一片天：那是每個地區的茶人與茶事交織的動人茶故事⋯。

八十歲石灰窯老茶

南港，是臺灣中研院所在地，更曾是蘊藏北部包種茶的重要產地。

對我而言，南港包種茶與我有一段深緣。那是一次路過的偶遇，一次與近八十年老茶的邂逅，一段與南港石灰窯老茶的故事。

我在八德路中崙車站旁認識一八十歲老茶商，他保有一筒上寫著「民國十八年製」的南港石灰窯包種茶，我看了十分雀躍！

當時，我情商阿伯讓出茶四兩，我只見茶面泛著茶油光澤，沈甸甸的茶身襯出她的身價。我不在乎一斤茶的價，要是換算利息，那麼近八十年的老茶要值多少才算對呢？

阿伯說，他已不開茶行，賣茶給我是「違法」？我告訴他買來是為研究之用而非做生意，他才放心。他說，這茶在日治時期要價

太高無人買，只好留下自己喝，他還說原本茶園的地點，就在今日南港的石灰窯。

南港茶的身世現身，我驚覺台茶的生命力如此蓬勃；反觀，市場上只談普洱茶的越陳越香，越放越值的觀念，而沒有擴及其他茶種也是會越存越好的事實。

我個人收藏武夷茶到臺灣包種茶的老茶，這些茶成為我的「朋友」，她們散發著茶的深層韻味，她們的茶香令人懂得深邃，更是心靈的良伴！

我想著為何置臺灣好茶而不顧？一昧身陷普洱的格局？痴茶人的用心和用情，為何只單戀一款普洱茶呢？

我的這段南港包種茶奇遇，在在增添了我的生活情趣，更促動了我探訪南港包種茶世界的動力！

南港小丘綠色奇蹟

台北市南港茶區，位在與台北縣汐止鎮相鄰的大豐里，海拔兩百至三百公尺，土壤裡有沙礫，雨量適中，是理想的種茶環境。魏

金池表示，南港茶園的土質屬於紅土，和一般的土質不同，土中含有石灰岩，易吸收水分，所以炒製出的茶，茶味特別芳香甘美。目前行政區屬台北市，市政府統計目前共有茶農六十多戶，面積一百多公尺，茶產量十三萬多公斤。

南港是臺灣包種茶的發源地，當年由王水錦與魏靜時在南崁大坑區種植栽培以及製造，同時將技術與同業分享。他們傳授的地區包括南港大豐、舊庄、四分、麗山等居民，也傳授給文山區的茶農，所以木柵新店一帶生長的茶在外銷時也用了「南港包種茶」的標誌。

南港包種茶打出知名度，「目頭茶」功不可沒。「目頭茶」就是樣品茶，這是日治時代初期以鐵罐包裝的高級茶葉，也是南港包種茶獨特的包裝法，多銷往南洋和東北地區。

1931年，日本政府在南崁大坑成立包種茶產製研究中心，現在的舊庄街2段232巷10號左右，每年定期舉辦講習會，由王水錦與魏靜時擔任導師，全省茶師與茶農前來學習，1920年起召集全省茶農舉行「包種茶講習會」。王、魏兩人是延續臺灣包種茶的先河。王水錦後來目盲，魏靜時經商有成，並將製茶技術傳給長子魏成根，而留下製茶好名聲。

日治時期設有傳習所，台北縣地區所有年紀較長的茶農都去參

加學習:後來因為台北縣農會在新店烏來設一個農場,專門研究製茶,所以南港茶葉傳習所就被撤銷了。

日治時期,南港包種茶有四大公司。「內湖庄庄勢一覽」記載,當時這四家茶葉公司:賴添的「南港茶葉公司」,每年春茶約採收一千八百斤。第二家「大坑茶葉株式會社」位在舊庄路二段,由魏靜時、魏成根、王水錦共同成立。第三家「山豬窟茶葉株式會社」,由余金松、余金柏兄弟經營。第四家「開元茶葉株式會社」由王玉慶成立。

這四家公司物換星移,已不復往日神采,留下的斷垣殘壁,供人憑弔茶史風華。

另闕河枝先生表示:日治時代著名的茶農在大坑的有李細粒、魏成根、王玉慶、黃王、王建和、潘綿、廖印,山豬窟的有余金松、余金柏;四分的是潘怡興;後山則是王成枝。著名的茶行有李加發、蔡益美。

目前這些茶公司已不復存在,剩下的是成立於1930年位於中南街110號的「南港茶葉公司」,由賴全的父親賴添創建,原公司與製茶廠所在的山坡地只剩祖厝和部分遺跡,而賴全保存了一件件當年父親在茶場上勇奪的記錄。

賴全所經營茶行有四十多年歷史，剩四坪大的店面。櫃臺後方
的架子上留有生著鏽斑、印著「正南港包種茶」的大茶罐子，依稀
看得到當年身為臺灣第一高級茶的風光；幾個舊時用來放茶樣的獎
盃狀玻璃瓶空蕩蕩，只剩斑駁的標籤紙；旁邊用相框框起的幾張不
起眼的泛黃獎狀卻是珍寶，他們見證包種茶在台茶史中的輝煌。其
中引人注目的是由陳朝駿所頒發的「一等獎」獎狀。

　　2002年，賴添結束茶莊的營運，他每日守著店裡的老舊茶罐，
小心翼翼保護著泛黃的獎狀。他手上留有三張獎狀，頒於大正十一
年（1922）的獎狀上寫著：

台北州七星郡粗製包種茶賴添
壹等賞
審查長臺灣總督府中央研究院技師兼臺灣總督府技師從五位勳
六等山田秀雄
右審查長薦告依之授與　　　　　　　大正十一年十月二十二日
　　　　　　　　　　　　　　　　　臺灣製茶品評會長　陳朝駿

　　這張獎狀是大正十一年（1922）5月17日，賴添在臺灣製茶品茶
會中所獲得的一等賞。賴全說，當時他父親還得到大正十二（1923）
年及十三（1924）年的「一等賞」與「二等賞」。大正十二年的獎狀
上寫著：

包種茶 七星郡內湖庄 賴添

壹等賞

審查委員長臺灣總督府州技師正六位山田拍採

右審查長薦告依之授與

　　大正十二年九月二十三日

　　台北州七星郡街庄聯合製茶品評會長正七位勳六等館與吉

　而大正十三年的獎狀則是：

　　　　內湖庄　賴添

一包種茶

壹等賞

審查委員長臺灣總督府州技師兼臺灣總督府技師正六位山田拍採

右審查長薦告依之授與

　　大正十三年五月十七日

　　台北州七星郡街庄聯合物產品評會長正六位勳六等館與吉

　　當時南崁是屬於台北州七星郡，所以賴全手上所保存的金銀牌獎章上面就寫著「台北州七星郡街州聯合製茶品評會」，獎章材質為鍍金與鍍銀，背面刻有當時台北州辦公廳舍的圖案，即現在的監察院。

這張獎狀背後有段台茶發展歷史，獎狀的由來是根據臺灣製茶品評會規則。當時第一次品評會開始於大正十一年 (1922) 10月22日到28日為期一週。舉辦地在當時台北市下奎府町的陳氏祖廟舉辦，主要目的是為了表揚製茶有功者。其主辦者是同業組合台北茶商公會。

　　當時的公會會長是陳朝駿，副會長為郭春秧，評議員為吳文秀，這三位茶商為當時一時之選，他們對於台灣茶的外銷以及藉由比賽的獎勵，更直接造福了茶農。

　　賴添在大正十一年參加的這一次的品評會比賽所獲得的一等賞，你可知他可以獲得多少的褒賞獎金嗎？

　　根據當時的「臺灣製茶品評會規則」，獲得一等賞的得獎人給當時幣值二十元，同時該得獎的規定裡還名列了一等賞二十元二十名、二等賞十元四十名、三等賞五元六十名，褒狀一百名。賴全說，當時一元可以買到四斤豬肉，父親賴添得到的一等賞金二十元真是不少呢！

　　品評會給予獎金以外，還授與得獎人紀念品與獎狀，目前賴全所保存的獎狀與獎章就是這次品評會最好的活見證。

賴全說，父親賴添的製茶技藝，正是參加魏靜時辦的製茶講習會學來的；事實上，當時真正懷有製茶技術的是魏靜時的女婿李進益，魏靜時因與官方的關係良好，居中斡旋成立講習會，李進益則是技術指導，這樣的黃金組合，吸引了五十名學生前來取經，而賴添就是其中一名。這也是包種茶藉由競賽切磋製茶技法的淵源。

獎狀光榮，終抵不過現實而凋零了；然而，留在比賽記錄中的殊榮，確越沈澱發光。

粗精製比賽殊榮

得獎是殊榮，留存的史料中，賴添的獲獎是粗製包種茶，那一年與他同時獲得一等獎的人有：

項　　目	地　　區	得　獎　者
再製烏龍茶	台北市	黃長庚
再製包種茶		余長風
		陳瑞豐
		陳廣述
粗製烏龍茶	七星郡	郭花
		魏靜時
粗製包種茶		賴添
粗製烏龍茶	淡水郡	許星
粗製包種茶	文山郡	王火錦
		周大吉泉
再製烏龍茶		張德明

	海山郡	徐明
		林盤
	新莊郡	陳金水
粗製烏龍茶	新竹州中壢郡	傳維軒
	桃園郡	呂輝
	竹東郡	彭河滔
		羅河立
	苗栗郡	康長德
		張阿松

資料來源：《臺灣之茶業》，1922

　　粗製茶指的是當時茶園生產出的茶葉，今日稱「毛茶」，運送到大稻埕茶商處再揀梗烘焙叫「再製茶」。

　　上表可知，賴添是以粗製包種茶獲獎，當時與他同時獲獎的魏靜時，就是曾擔任包種茶傳授老師的同一人。魏靜時同時在大正十一年受到褒揚。同一時間受到褒揚的還有：錦茂茶行的郭春秧、良德茶行的吳文秀，及製茶師王水錦。

　　《臺灣之茶業》記載，當時「一等賞」所頒發的對象有粗製烏龍茶、粗製包種茶以及再製烏龍茶、再製包種茶。所謂「粗製」的意思就是指茶葉從採摘以後，經過揉捻烘焙的毛茶。「再製」就是所謂的「精製」，必須經過再烘焙、揀剔、復焙等工序以提高保存品質，這也可看出當時製茶葉者的分工，而不像今天「小農作法」，茶區茶農在採製以後，粗製與再製一起銷售。

　　由於產銷制度分工清楚，粗製是原料提供者，日治時代給了適

當股利，而再製茶也要火候功力，會來比賽亦可增加茶商的競爭力，可見當時茶的競爭核心力來自自我的努力挑戰。

　　賴添與魏靜時的努力，使南港包種茶屹立在文山堡各茶區之首，然而日治末期出現了變動。南港茶區原多達三百多公頃，後因二次大戰日政府為增加糧食下令廢耕茶園改種蘆薈，加上當地開採煤礦造成茶園廢耕。

　　此後南港茶就逐漸沒落，直到台北市政府的再造南港茶業興起，這裡才重現生機。1978年，台北市政府為了振興南港的製茶產業，積極輔導當地茶農更新茶園，加強製茶機械化，舉辦製茶比賽及促銷活動。但今日的製茶比賽和日治時代製茶比賽，同樣是「比賽」，但呈現出來的效益大不同！其間台北市政府花鉅資成立示範場，空間硬體設計卻沒有好的展示內容。

南港茶業製造示範場

　　1982年，南港觀光茶園正式成立。1990年，南港舊庄地區成立了一座面積2.9公頃的南港茶業製造示範場。場址是台北市南港區舊庄街二段336號，內部有茶業製造區、茶葉評鑑區、展示室、簡報室，外部設有景觀平台、解說平台，介紹市民認識製茶機械，瞭解製茶過程。這兩層樓的示範場還規劃了茶葉製造機具區、品茗與

品鑑區，以及展示區。製造機具區裡有浪菁攪拌機、活動萎凋機、乾燥機、揉捻機、束包機、冰箱型乾燥機等製造機。

2002年7月27日到9月26號，這裡辦了一場「失落的流金：台灣茶文物之美」特展。展出臺灣從清朝、日治時期到今天的茶具文物。展出內容有：茶葉買賣記帳單、獎狀、地契等史料，其中還有包種茶老包裝、以及百年老茶店的外銷茶箱、鐵皮賣頭、茶籌、茶罐等文物。

2002年8月31日台北市政府舉辦了一場「2002年台北市包種製造技術比賽」，以提供參觀民眾體驗式的休閒，並發揮教育的功能。台北市政府努力辦活動期能使包種茶恢復往日商機。

2003年6月，南港茶葉製造示範場推出茶與花藝結合的活動，吸引不少民眾參觀。每個人一百元的門票，可以進入示範場展示廳泡茶。每張泡茶桌子上都放著花藝作品，與日式風格的裝潢相輝映。可惜的是，與包種茶相關的展示內容並不多，精心設計的示範場淪為一個缺乏內容的空殼子！反而開在示範場周邊的飲食攤販沾了光商機無限！

「文化內容」是最大的商機，但這也是最難建構的，必須累積的。反倒是硬體設備容易滿足政治人物的建樹。我在南港示範場，看不到南港包種茶再現的光芒。我看著那南港茶山，一塊塊幾不見

茶園的林地裡，不正訴說著她曾有的亮麗與茶香，而今又有誰去關愛呢？

　　與南港有一山之隔的文山地區，有優勢的廣大茶山加上近年來造勢成功，「文山」包種的知名度遠高於「南港」、「深坑」等地區的包種茶。

　　然而，在內行人眼中，文山包種茶與南港包種茶就是不一樣[41]。南港地方耆老曾秋農表示，自1969年南港併入台北市，南港文山茶和其他茶區不屬同一行政區後，所產的茶葉也就被劃分了。

　　高玉同記得聽過祖母談過，過去沒有電燈，只有煤油燈，經常是煤油燈置於屋中，茶葉放在四周。也可從茶的色澤得知今年颳什麼風？茶的氣味也不同。由於他的祖父精研製茶，台北州農會於大正十二年（1923）邀請日本皇太子來此參觀，並同時舉辦茶葉比賽時，高玉同的祖父也獲得名次。

　　魏金池回憶：一般來說，南港茶園地約在海拔400公尺左右，坪林茶園地較高，約在600-700公尺，因坪林茶多屬更新茶園，沖泡出的茶味較南港茶香醇，可惜沖泡兩三次之後，就失去茶味。

---

41 參見本章「延伸閱讀」

根據高玉同回憶，南港包種茶與文山包種茶最大不同是烘焙時間長久的不同，南港文山茶烘焙的時間較長。另外土壤亦不相同，文山包種茶土質含砂較多，南港則多屬紅土。

文山包種最厂大

文山地區本身的地埋環境宜茶，海拔五百公尺，坡度二十五度，年雨量三千五百公釐，成酸性土。《坪林鄉誌》說：嘉慶年間即有安溪人來坪林種茶，但是坪林、石碇的粗製茶要徒步用扁擔挑到深坑，再從深坑越過六張犁到艋舺裝船然後運到福州加工。由此可見，這裡產茶只是「粗製茶」的茶原料提供者。

日治時代，文山包種茶也是屬於粗製茶的階段，這是茶業在當時採用產銷分離制度。《坪林鄉誌》記載：日治初期，茶葉是賺取外匯的商品，所以茶產地逐步擴張，茶葉產量亦逐年增加。日據、光復當時，由文山包種茶行在大林村設茶工廠，大量收購茶葉，在水返腳、坪林庄茶葉組合也設茶工廠。

日據初期統計，文山堡粗茶茶農戶數（見表1）居首，其次為石碇堡，第三是八里坌堡。文山堡，在明治三十三年(1900)與三十四年(1901)一年間增加381戶，其增加比例為百分之十二。文山堡的種植戶增加，受到當時茶業外銷激勵有關，這期間的粗製茶茶葉原

料即收購價格也告提高了。

表1 台北附近各堡粗茶農戶數及產量統計

地　　方　　別		戶　數（戶）		產　額（斤）	
廳　名	堡　里　名	1900年	1901年	1900年	1901年
台北廳	八里坌堡	2,420	2,418	3,362,929	1,172,559
基隆廳	石碇堡	2,608	2,622	1,046,227	340,965
基隆深坑廳	文山堡	3,176	3,557	750,371	595,179

資料來源：臨時臺灣舊慣習調查會，第二部，《調查經濟資料報告》上卷

（台北：臨時臺灣舊慣習調查會）

　　由上表可知，粗製茶實為當時作為茶葉轉運站的基石，有了各堡產製的茶葉，才足以供應大稻埕精製茶的原料，才能為臺灣創下外匯的收入，花茶產區的供銷關係中，原產地的生產和獲利是無法對應的；換言之，儘管每年產地茶量的增產（表2），受到收購茶販的抑制，茶價是難有起色。相對而言，精於營運的茶商由此翻身成為殖民時代集政商一身的優勢地位，茶農則是相對劣勢。

表2 北部各堡運至大稻埕之粗製茶數量表

堡　名	1901年	1902年	1903年
桃澗堡	5,979,415斤	5,577,813斤	6,071,664斤
石碇堡	1,876,724斤	1,646,457斤	1,974,117斤
擺接堡	1,719,874斤	1,447,362斤	2,218,107斤
文山堡	1,561,017斤	1,528,311斤	1,656,979斤

資料來源：臨時臺灣舊慣習調查會，第二部，《調查經濟資料報告》上卷
（台北：臨時臺灣舊慣習調查會）

　　上述兩表可看出文山堡在種植戶數和產額都佔重要角色，而這
些茶送到大稻埕轉賣的盛況，背後確是費盡載運的辛苦。

　　交通不發達的時代運送茶葉十分辛苦，一包數十斤的茶葉，又
重又怕在運送過程中損壞，茶農只得小心翼翼，沿著當時前人一步
步走出來的茶路運送茶。記錄當年的「茶葉古道」，至今仍蜿蜒在
坪林鄉山區裡！

茶路古道憶往

　　作家劉克襄寫「茶路」的情境：
　　翠綠的樹林，只納得一人步行的走道，還得背負著茶葉重擔，
當時若由深坑出發這條茶路，途中經過今日東南工專、大坑、福德
坑垃圾場、石泉嚴清水祖師廟、臥龍街、基隆路，最後抵達公館。

　　劉克襄寫的就是文山堡的「茶葉古道」，古道上留有一塊「茶
路碑」，該碑文記錄：
　　…台北附近茶產地以深坑、石碇為大宗。於是在春、冬二季
，茶農肩挑背負，分由格頭、烏塗窟、石碇、員潭仔（以上均屬石

碇）、阿柔坑、萬順寮、土庫、深坑仔等地（以上均屬深坑），越觀山嶺，經石泉巖，下六張犁，售價於市肆…

路碑記錄了當時茶的運輸之路途遙遠，行走不易，而今日再走一回茶路，只見路在，石碑也在，一座橋吐訴著當年茶原料供應者和茶商緊密扣連關係。

我拜訪了臺灣茶葉推廣者蔡榮章先生位於烏塗窟的鄉間農舍，他精心將鄉間民宿裝修成為一座茶寮，而他的寮前小路就是當年的古道，我曾在當地挖到民初的民窯青花瓷片，顯現當時的活躍景象。

當時為了運送茶葉，當地茶商共同出資修橋鋪路，茶路上留有一座1870年興建的「觀山嶺路橋」，建橋時由艋舺商人負擔五十一銀元，深坑商人三十一銀元，石碇商人二十一銀元，六張犁商人八銀元。這項記錄透露出各地商人當時的實力與資本地位。由深坑與石碇合起來的資金還超過艋舺，足見粗製茶商人此時已經漸掌握經濟實力。

從茶路碑的記載裡可見當時粗茶產區位處偏遠山區，必須翻山越嶺才能將茶送往艋舺、大稻埕。而茶路碑上所標示地名如「格頭」、「烏塗窟」，如今行走其間只見一條小路，這是推動當年文山堡繁華的小路，也是將包種茶推上世界舞台的必經之途。

文山堡的粗製茶經由茶路運送，並將石碇當成第一集散地。這也造就了石碇因茶而興的一段風華。

石碇吊腳樓飄茶香

　　石碇街今日只留豆腐供遊人品嚐，而當年茶業的繁興正與街道帶動繁榮密不可分。

　　當時石碇的狗寮仔埔，曾有英國人設立商行，專門收購石碇所產茶葉。當時的石碇東西街，正位於「淡蘭古道」[42]的交通樞紐位置上。石碇西街的繁榮主要來自茶葉貿易，當時的交易多集中於集順廟廟埕進行，帶動西街對岸東街的繁興。

　　大正五、六年間（西元1916、1917年），石碇茶業到達巔峰，石

---

42 淡蘭古道為清朝淡水廳（台北）與葛瑪蘭廳（宜蘭）間之移民、生意
　　重要孔道。當時基隆河舟的終點是暖暖，由此貨物集散轉運，循著早期
　　平埔族－凱達格蘭人的狩獵山徑，攀越「三貂嶺大山」、「草嶺山區」
　　，而下抵頭城。
　　資料來源：http://gis.tpc.gov.tw/Human2/Tourism/01dPath/Path01/
　　Path01.html

碇與汐止、竹東被列爲臺灣三大茶市，當時的茶市位於今日石碇西街石碇國小前的廣場，據說當時茶市交易盛況甚至讓晚到的學童進不了學校。

出版於1918年的《臺灣之茶業第二卷第五號》收錄的圖片中，看出當時的茶農將粗製茶送到文山堡石碇街的場景。

2003年7月，我再回到這集散地的現場，我看到了集散前的石碇國小已停滿車輛，廟口前殘留的石臼和拆廟剩下的殘石…，這時我已看不到石碇茶香，一家半歇業的茶莊招牌還掛著，這是石碇茶香最後的飄散？

而今石碇的茶葉香已淡去了，在今石碇國小旁的茶行雖掛著招牌，但茶行已和住家融爲一體，茶業已成爲副業。凋零，是石碇包種茶的宿命？

石碇鄉，一座山城，一座畫家描繪臺灣鄉景的焦點！今日河床大石仍屹立滾滾河水裡。我站在橋頭，只見週日大排長龍的車輛，正等待經此轉往北二高交流道，石碇因道路建設門戶大開。遊客多了起來，包種茶光環卻未再起！

由石碇再往前走的深坑路上，仍散著四合院古宅，這裡寫著早年安溪人來此墾植種茶的見證。但林立的大樓更強壓了原來的鄉鎮

純樸風情，老茶鄉的風韻只留下一家百年茶行，凋零著告訴後人這裡茶的故事。

儒昌茶行是百年老店，是深坑的茶葉發展見證人。他因曾引進桃仁茶種在此種植而成為北臺灣少數種植武夷種的茶農。該茶行曾以「武夷茶」販賣而成為茶行特色…。

深坑包種深幾許

深坑茶業的發達，起源於安溪人來此開墾，才牽起與茶的一線情緣。

深坑，地多丘陵。可供種稻的面積不多，安溪人引進茶樹與藍靛栽種。茶在此間由於氣候與土壤十分適合，加上安溪人對茶的專業技術，同時茶葉的利潤比藍靛高，於是農家紛紛改種「綠金」，而造成石碇遍佈茶園！

深坑、坪林曾是北臺灣兩個主要的茶園。當時深坑所生產的烏龍茶經由艋舺郊商運往福州、廈門從事加工精製，再包裝轉銷國外。

深坑種茶起初不順利，原因是深坑在地的生產、製造、包裝的

技術簡陋，另方面位處原住民活動區域，時常出現「番害」，所以深坑茶業發展 度陷入瓶頸。這時淡水開港，台北盆地的經濟體系，被納入世界一環，英人郇和(Robert Swinghoe)與杜德(John Dodd)到臺灣北部改良茶業併購進茶葉，帶來深坑茶業的生機。

　　郇和(Robert Swinghoe)是英國駐淡水的首任領事，他曾將文山一帶的茶葉寄給英國茶業檢驗專家，得到的建議是茶之味道甚佳，製造、包裝的缺點有待改善。郇和信心大增，大舉開發北臺灣茶業。外商透過洋行來台收購茶葉，對北臺灣台茶的生產有了正面貢獻，然相對而言，洋行的掌控也使得台茶只能成為原料供應者，臺灣無法成為獨立經營的組織。相較而言，日治時代殖民政府的投入，有計畫性的改良茶業，也直接帶動茶業興起，而當時深坑是茶路要道的中繼站，這裡出現大量茶農，造就了茶商增設公司的盛況（見1926年文山郡成立的茶葉公司，可見深坑在當時的實力）。到了1894年，深坑已成為這一帶粗製茶的轉運中心，因此升級板橋、新莊、大溪、錫口為同級城鎮。

表3　昭和元(1926)年十二月底文山郡茶業公司統計表

公司名	所在地	設立年月日	茶園甲數	組合員數（人）	出資金	資金已存額
木柵茶業公司	深坑庄木柵	大正八年三月四日	101	34	5,000	2,000

深坑茶業公司	深坑庄深坑	大正十一年 六月三十日	90	18	2,200	1,620
坪林茶業公司	坪林庄坪林	大正十二年 七月三十日	56	12	2,500	610
安坑茶業公司	新店庄安坑	大正十二年 九月十九日	50	5	1,050	525
文山茶業公司	深坑庄木柵	大正十五年 五月十日	50	14		25,000
水聳淒坑茶業公司	坪林庄水聳淒坑	大正十四年 十月十九日	53	7	2,500	1,000
楣子寮茶業公司	坪林庄楣子寮	大正十五年 九月十五日	53	7	2,500	1,000
廣興恆盛茶業公司	新店庄廣興	大正十五年 六月十五日	50	9	2,000	1,000
合計共八處			503	106		32,755

資料來源：張炎憲主編，《文山、海山郡編彙》，2001，台北縣板橋市：

　　　　北縣文化局

　　上表的茶葉公司可見深坑不論在茶園大小、公司人數、資本額都略勝其他地區，這也呼應了當時深坑廣植茶葉的風起雲湧。當時的深坑地區，包含今日的景美、木柵。1895年「舊慣調查經濟資料調查報告」中，記錄了深坑堡有3176戶茶農，石碇堡3608戶，占當時全台總戶數（2019戶）的15.781％。顯示出當時深坑種植粗製茶盛況。

　　深坑茶業的轉運站，進而成為茶業的大龍頭，其間正是台茶起

飛的巔峰期，但這段黃金歲月維持不長。環境改變，撼動深坑製茶業人口。1918年，粗製茶製造戶僅剩282戶，是1895年的四分之一，年產量44299斤；原本盡是茶莊的深坑街，1937年只剩11家，約是1895年的十分之一不到；1938年「工場名簿」統計，全臺灣共有350家粗、精製茶廠，深坑只有兩家，足見深坑走入茶業的蕭條期！

1941年，太平洋戰爭爆發，深坑茶業雪上加霜。當時台茶不僅喪失北美市場，且盟軍的轟炸不斷，茶園逐漸荒蕪；同時日本政府因為物資缺乏，命令茶農改種糧食作物。臺灣光復後雖有地方人士提議復興茶業，但由於成本過高，茶農紛紛改行。

民國六十年代，深坑開始工業化，許多坡地茶園紛紛改建成工廠與公寓。至1991年，深坑茶農剩下約二十戶，茶園面積約三十公頃；目前深坑植茶面積僅剩約25公頃，茶農剩30戶左右。然而，在僅存的茶農家戶中，有由王多水成立的「儒昌茶莊」，她寫活了深坑在台茶動盪場景中的一場風雲際會，她在百年營運中不僅得獎上百次，更因製茶獨到成為日治後少數製包種茶的茶行，目前該茶行由第二代王菊月經營，她回憶儒昌茶行的茶香憶往。

她說，深坑為了取得包種花茶的薰花原料，大量種植茉莉、桂花花圃；然而，近年來的交通建設大肆開路，加上花圃產值不高，所以已廢耕！

王菊月回憶說，當時深坑種植花圃，使得全鄉撲滿花香，這裡的街道還種滿了綠樹，當深坑鋪上柏油時，她還擔心腳沾上柏油。

　　深坑的花香陣陣撲鼻，尤其到了製茶時節，接著採茶後的花季來採花，整條深坑街都是桂花香…。這裡的場景已逝，就儒昌茶行的孤伶在深坑街上。

坪林包種平步青雲

　　坪林，在文山堡時代的產茶量並非第一，但今日卻成為一枝獨秀文山茶的代表，當時間追溯到日治時代，坪林庄就顯出製茶的高妙。1934年，台北坪林參加優良茶比賽的獲獎，這裡的參賽茶種是「烏龍」，這也可以驗證本章開頭時所說，茶的種類可按生產技法改變，形成不同形貌的茶種（見表4）。

　　由表列的評比中坪林推出的茶種裡有五十二點是紅茶，顯示出當年的日治政府在推動紅茶的改變當地的生產模式，這種情形一直到了國府時代，才又有巨幅變動。

185

表4 昭和九年(1934)台北州優良茶比賽參展數及獲獎數

		文山	深坑	石碇	坪林	台北
烏龍	出品點數	21	15	12	9	130
	入賞	8	7	2	1	42
紅茶	出品點數		3	1	52	52
	入賞				7	7
計	出品點數	21	15	13	61	182
	入賞	8	7	2	8	49

資料來源：台北州農會編，《台北州優良茶品評成績表》，1934

　　石碇鄉、深坑鄉的沒落，相較仍保有茶香美譽的坪林鄉，恰成強烈對比。這是在日治結束，進入國府時代以後的事。表5中的產量表，可見各鄉消長，坪林鄉是石碇與深坑鄉的總和。產量說明了石碇、深坑的沒落，也告別了她們黃金年代，取而代之的是坪林茶鄉。今日坪林因當地的茶業推動者[43]，加上鄉公所的再造與努力，已再現了坪林滿茶香的景象。

表5 茶葉種植面積產量統計表（台北縣、坪林、石碇、
　　 深坑）

（面積：公頃　產量：公斤）

年份 （民國）	台　北　縣		坪　林		石　碇		深　坑	
	面積	產量	面積	產量	面積	產量	面積	產量
49			961.00	231,000		254,000	640.00	168,000
54			645.00	338,070	795.00	389,180	352.00	178,120
59			590.00	357,000	520.00	318,500	150.00	91,000

43 參見本章延伸閱讀

64			535.00	339,900	502.10	263,397	170.00	91,000
69			575.00	381,500	552.90	373,040	72.60	41,850
74			752.00	536,250	567.20	408,312	57.05	33,165
79			978.18	697,500	552.05	440,160	26.02	17,824
84			960.00	691,000	555.50	444,000	28.10	20,000
87			946.00	662,200	560.20	448,160	28.10	20,230

資料來源：《坪林鄉志》台北縣政府編《台北縣統計要覽》

推動茶香的遙遠路

回首坪林的茶葉發展，十九世紀及二十世紀初，臺灣茶葉大抵以外銷爲主要生產目標，民國三十四年以後維持以外銷爲主。日據時期，坪林茶葉仍是重要的經濟作物，爲了運送而使殖民政府建設運輸通道，提供運輸方便性。

當時，茶葉以水陸兩途徑送到景尾街（景美）販賣，茶農再從景尾採購日用品回坪林。1908、1909年，殖民政府開闢景尾到木柵、深坑到內湖兩條路。1919年，台北鐵道株式會社更鋪設由台北縣小南門，經景尾、木柵、深坑至石碇的輕便軌道。由於這些道路建設已使茶葉通路便捷，產生更大的貿易效應。

坪林成爲今日茶鄉，與當地廣爲帶動茶農種植方便有關。《坪林鄉誌》說，1949年，坪林鄉公所申請縣政府免費供給品種，如青心烏龍、青心大有、硬枝紅心等。民國五十年，品種更新達到坪林鄉面積的百分之八十。種茶品種有了大規模的變動，也造就茶區大

革新。製茶技術方面,民國四十年到四十五年之間,鄉公所陸續聘請技術員於秋、冬兩季在各村開製茶技術講習會,每次講習一星期。當時坪林鄉第二屆鄉長鄉長鍾榮富、建設課長陳振議、承辦人陳永成常下鄉宣導,促進坪林茶業繁榮。

由於上述基礎下得深,也造就以後坪林茶業成為北臺灣最具代表規模。

1970年後,臺灣經濟起飛,茶價跟著漲,每台斤最高可賣到三千元以上,坪林鄉茶農也因茶而富。這其間,文山包種茶更透過比賽模式,而登上交易市場龍頭地位,我翻看1960年以來至今四十多年的比賽得獎名單,看到茶農的精進與一步一腳印的追求,對茶農的執著只有感佩。

行政院農委會為了解決包種茶精選的問題,自1998年起於坪林、石碇地區試用機器選茶。2000年農委會與民間合作,研發「條型包種茶精選機」,獲得文山茶農認同。其間不斷改良,2000年時農委會茶改場研製改良型真空烘焙機,實驗顯示其效果較普通電氣循環烘焙機要來得好,去除毛茶中的苦澀味之外,並能保有包種茶的活性、鮮味及水色。

政府推廣「休閒農業」與「一鄉一特產」政策,坪林茶葉單位面積產量大增。坪林茶葉在公部門政策輔導之下,歷年都有相關比

賽，根據目前統計資料，得獎名單如下：

表6　文山包種茶歷年特等獎名單

（數字：年份）

49秋：陳乞	50秋：葉順興	51秋：鍾樹木
52秋：唐火炎	53秋：花安	54秋：高河炎
55秋：鄭海水	56秋：吳丁旺	57秋：鄭貴
58秋：鐘添丁	59秋：唐萬土	60秋：陳乞
61秋：林勇	62秋：曾鍾鷙鷟	63秋：詹賜葵
64秋：張秋雲	65春：黃連子 秋：王清池	66春：鄭福來 秋：林慶國
67秋：陳江山	68秋：黃田 春：鄭宗妙	69秋：陳金枝
70冬：王傳	71春：鄭清文 冬：黃再傳	72春：鄭添福 冬：鄭家興
73春：林王盛	74春：王義雄 冬：鍾正麟	75冬：鍾文躬
76春：蔡明富 冬：王靜典	77春：葉秀月 冬：陳淑琴	78春：張正雄 冬：鄭李珠
79春：陳玉惠 冬：鍾石遠	80春：鄭永清 冬：鍾石遠	81春：鄭添福 冬：陳源德
82春：王天勝 冬：鍾文華	83春：鄭冬泉 冬：陳天佑	84春：梁祥島 冬：王棟燈
85春：鍾金波 冬：鄭金龍	86春：陳武夫 冬：蕭素美	87春：高泉盛 冬：鄭文進

| 88春：鄭天車 | 89春：陳文慶 | |
| 冬：鄭素理 | 冬：翁耀廷 | 90春：陳文華 |

資料來源：《坪林鄉誌》

　　這些得獎人是身懷製茶絕技的「高人」，他們掌握了天、地、人的人為因素，來將茶與茶湯表現到最高境界，更重要的是他們將比賽茶的標準掌握得很適切，恰到好處[44]。有關文山包種茶比賽品評項目可參考延伸閱讀一的表，該表是品茗者可用來評選茶的依據。

　　坪林鄉的比賽茶是帶動茶鄉的功臣，為茶業帶來收益的功臣，而設立坪林茶業博物館也是重要助力。座落在台北縣坪林鄉北勢溪畔的「坪林茶業博物館」[45]，她是一座閩南安溪風格的四合院建築。茶業博物館中分為展示館、活動主題館、多媒體館、茶藝館與推廣中心五個部分。

　　該館舉辦的活動有：2001年3月，茶業博物館舉行「鬥茶」活動，聚集各方愛茶者，試圖重現宋代泡茶古法，其中茶博館提供1993年由館方研發出以青心烏龍為原料的「明珠茶」；喝過的人表示，這茶兼具文山包種茶的清香、凍頂烏龍茶的喉韻、普洱茶的口

---

44 請參考「延伸閱讀」
45 館址是台北縣坪林鄉水德村水聳淒坑19-1號 ， 電話：(02)2665-6035

感、及鐵觀音的溫潤，令人印象深刻。

由於坪林茶博館的努力，企圖以茶文化為賣點牽引消費者來接近包種茶，然而這種以博物館為名的文化產業營運模式，必須建構出深層的茶文化內容，這其中要有中華茶文化，立足臺灣茶的視野，由這裡當成一座茶文化平台，而不是一座形式上的賣場博物館。

坪林包種出名，甚至還引發大陸茶商的仿冒，這也是台茶百年發展歷史中的「殊榮」！

坪林「文山包種」成為今日對包種茶約定俗成的稱謂，如此美名在台灣只是流竄在茶友口中，針對她在農產品的特殊原產地效應或註冊後的再運用，甚原本是主要產區的新店市，已因部份過度開發而使產區縮小凋零。少了經營，才使得「文山包種茶」遭大陸茶挑戰！石碇、深坑、坪林三鄉足以扛起包種茶大遍天，而今常為淹水所困的汐止鎮，也曾經扮演助攻角色，協力生產了包種茶，成為粗製茶的供應基地。

汐止因茶而貴

汐止茶樹的栽培起於清代，主要是靠近石碇、平溪一帶的山坡地，即十三份附近，氣候溫暖潮濕，雨量均勻，土壤富於有機質，

適於茶樹生長。當地許多人因經營茶館致富。在茶館與茶農之間的仲介人「買辦」或是「茶販子」，到種茶的地區向茶農收購茶菁，載運往汐止鎮轉賣茶館精製成包種茶外銷；或由茶農挑擔翻山越嶺到汐止街上叫賣，由茶館直接收購。汐止鎮於茶業當盛時期經營茶館致富的人有蘇大老、李萬居、郭花、黃建順、陳土生、唐淮胡、李炎海及唐連彩等人，他們向汐止鎮十三份或平溪、坪林等地的茶農收購茶菁，再精製成包種茶外銷。老汐止人都記得蘇大老的宅地種植了一大片的黃枝（梔子樹），專用來供製茶之用。這即為包種花茶薰茶之用料。汐止曾為包種花茶居中的角色卻快要被遺忘了。

臺灣光復後，汐止鎮開始開採煤礦，造成自然環境的改變，加上第二次世界大戰爆發，日人大肆砍伐茶樹，改種糧食作物；另外，「鹿窟事件」[46]使汐止壯丁折損，茶園更加荒蕪。

汐止歷史最悠久的茶行是「建順茶行」，主人黃榮昌表示茶行

---

46 1947年，二二八事件爆發；1949年國民政府在內戰中潰敗，轉進台灣，政局動盪不安，屬行威權統治，肅殺氣氛彌漫全台。1952年12月29日凌晨，軍警包圍鹿窟山區，逮捕被疑為中共支持的武裝基地成員之村民，整個行動至次年三月為止。其間因案波及，於2月26日至瑞芳圍捕，3月26日又在石碇玉桂嶺抓人，前後近四個月，牽連者兩百多人，經判決死刑者已知卅五人，有期徒刑者百人，是1950年代台灣最重大的政治案件，史稱「鹿窟事件」。

資料來源：台北縣「鹿窟事件」紀念碑文

是從祖父黃德玉開始經營，當時還沒有店名，一直到父親黃建順接
手家業，才取名「建順茶行」。今日「建順茶行」以賣茶為主，不
再種茶。老茶行的光耀在史冊裡，現今社會對老茶行流洩的歷史光
輝不再留戀，然而我在史料中看到汐止與茶的互動光環！

　　《七星郡要覽》記錄（見表7），現1934到1938年期間，七星
郡所轄的汐止街、士林街、北投庄、松山庄及內湖庄皆有栽種茶樹
及製茶戶，不論是種植面積、製茶戶數皆以汐止街最高，茶價格也
最高；為改進茶業而設立的茶業團體也以汐止街最多，可見汐止當
時茶業之興盛。我分從表7七星郡茶葉種植面積與製茶戶數、表8七
星郡茶業改良團體（1938年）、表9七星郡茶業改良團體（1941年
）中，更深深體會了曾經茶香滿汐止的追憶！無奈今大水淹汐止的
慘狀了！

表7　七星郡茶葉種植面積與製茶戶數

年別/項別/街庄		汐止街	士林庄	北投庄	松山庄	內湖庄	計
1934	栽培面積（甲）	742	182	146	4	258	1,322
	製茶戶數（戶）	815	120	120	10	331	1,396
	數量（斤）	236,000	29,900	32,600	1,190	73,700	373,390
	價格（丹）	53,870	5,432	5,095	222	24,268	88,887
1935	栽培面積（甲）	750	162	115	4	260	1,291
	製茶戶數（戶）	818	105	100	10	333	1,366
	數量（斤）	260,915	25,000	27,600	1,550	77,700	392,765
	價格（丹）	80,090	4,994	4,935	314	35,940	126,273
1936	栽培面積（甲）	800	174	105	3	305	1,360
	製茶戶數（戶）	820	132	100	10	338	1,400
	數量（斤）	280,850	26,130	24,680	1,300	86,600	419,560
	價格（丹）	104,173	7,920	6,827	523	50,846	170,289

1937	栽培面積（甲）	808	127	93	3	310	1,341
	製茶戶數（戶）	821	132	90	10	341	1,394
	數量（斤）	290,900	36,750	21,000	1,670	95,300	445,620
	價格（丹）	153,970	11,257	5,360	758	60,884	232,229
1938	栽培面積（甲）	811	124	86	－	319	1,340
	製茶戶數（戶）	809	106	80		341	1,336
	數量（斤）	309,400	38,400	22,100	－	113,500	483,400
	價格（丹）	167,330	16,750	8,831	－	71,132	264,043

資料來源：《汐止鎮志》，1998，北縣汐止鎮公所

表8 七星郡茶業改良團體（1938年）

團　　體　　名	所在街庄	團體的區域	團體人數（名）	茶園面積（甲）	事業概要
合興發茶業公司	汐止街	橫科	8	50	製茶改善、茶園經營改善、茶樹品種改善、販賣改善
德興茶業公司	同	十三分	5	50	同上
十三分茶業公司	同	十三分	5	52	同上
白匏湖茶業公司	同	白匏湖	6	65	同上
康誥坑茶業公司	同	康誥坑	4	50	同上
盛發茶業公司	同	十三分	6	50	同上
橫科茶業公司	同	橫科	9	50	同上
堯山茶業公司	同	叭嗹港	33	92	同上
汐止街茶業改善研究會	同	十三分、石硿子	79	－	製茶競技會、製茶品評會、茶園品評會、研究茶園設置、茶園品種改善

資料來源：《汐止鎮誌》，1998，北縣汐止鎮公所

表9 七星郡茶業改良團體（1941年）

工場名稱	工場所在地	工場主姓名	主要生產品名	事業開始日期
堯山茶業合資會社	台北州汐止街	廖捷騰	包種茶	1928年4月
德興茶業公司	同	王阿妙	同	1934年4月
合興發茶業公司工場	同	周儀河	同	1932年11月
十三分茶業公司工場	同	蔡逢春	同	1927年4月
康誥坑茶業公司	同	劉水來	同	1930年8月
方美茶業公司第二工場	同	林蜘蛛	粗製大方茶	1938年4月
白瓠湖茶業公司	同	白窗前	烏龍茶	1927年4月

資料來源：臺灣總督府殖產局出版第905號工場名簿

　　汐止、坪林、深坑、石碇等地都曾是臺灣包種茶的產地。這裡居民早年以茶為生，有的以茶致富；然而，包種茶得面對烏龍茶如高山烏龍茶的競爭，加上大陸茶的多元口味佔領了部分市場，表現較明顯的是：包種茶製法改走清香路線，重韻的製法已少了。這也讓外界誤以為「包種茶」不耐泡，只有香，喝不到韻。

延伸閱讀：

一、文山包種茶比賽評分項目及標準

項目	評分	細目	內　　　容
香味	60%	香氣	幽雅清香、飄而不膩、源自茶葉、入口穿鼻、再而三者為上乘。圓滑新鮮無異味，青臭苦澀非珍品，入口生津富活性，落喉甘潤韻無窮。
外觀	20%	形狀色澤	條索緊結整齊，葉片捲曲自然，粉末黑點未生。鮮豔墨綠帶麗色，調和清淨不摻雜，嫩葉金邊色隱存，銀毫白點蛙皮生。
水色	20%	水色	蜜綠鮮豔浮麗色，澄清明麗水底光，琥珀金黃非上品，橙黃碧綠亦純青。

資料來源：茶業改良場文山分場

二、坪林茶業人物

坪林鄉史料中，與茶葉相關的人物有：

陳巖

陳巖，祖籍福建。他擔任坪林庄長其間，日本總督府因為物資運送之需要，才開闢北宜公路。當時陳巖同時也是坪林茶業公司董事長，致力於坪林茶業的生產與推廣。為了茶葉生產的品質，獎勵茶農施肥，向台北州申請肥料補助，以豆餅為基肥，派員教導、督促茶農施用肥料。此外，推廣使用發動器炒製茶葉，進行茶業機械

化生產作業。為了促銷茶葉，與新店、石碇、深坑三庄裝長商議，將四個庄所生產之茶葉統稱為「文山包種茶」，並成立「文山包種茶消費合作社」，推廣銷售坪林的茶葉，也曾拓展海外市場，銷售到中國大陸。

林福順

　　林福順，粗窟人。1920年，由於茶之產業不佳，市場價格偏低，茶農為了減少種茶之成本，因而疏忽茶園之經營管理，茶之品質不良，間接造成坪林本地所產茶葉之名聲大幅滑落。林福順就率領坪林茶農進行品種改良，並加以獎勵。林福順全心投入茶業改良，將坪林之茶推廣到臺灣各地。同年，臺灣總督府依據國勢調查報告，由當時之總督給予表彰，勉勵林福順對鄉里的貢獻。1928年，臺灣總督府川村總督表彰任職二十年以上保正，林福順也在裡面。

李國

　　李國，坪林庄鰱魚崛人。投身農業，在參考其他地區的茶業經營後，李國為了改善坪林茶業生產，在鄉中宣揚合理農業法之精神，以求改善農民的生活條件。李國曾於品評會上受到數次表揚，獲選為坪林庄保正、坪林茶業公司董事長等職務。

三、南港包種茶與文山包種茶比較表

	發　酵　度	烘　焙　度	沖　泡　方　法
南港包種茶	均屬半發酵但較文山包種茶程度高	烘焙熟度較重	水色偏黃，水溫較文山茶約高三度（攝氏87度）
文山包種茶	發酵程度較南港茶輕	烘焙熟度較輕	水色偏金黃色，水溫較南港茶約低二度（攝氏85度）

製茶口訣

茶幼愛長柯愛軟
幼茶水大輕手伴
柯茶減遍接手浪
高雲濕輕低雲重
雲高正常茶會香
雲低濕重拖時間
三遍還是行水時
水行不順賣沒錢
炒茶不要趕時間
水那走透茶就香
四遍以後發酵庚
發酵順利會香死
功夫在手看天氣
要製極品變天時
天氣那順大家香
壞天要香沒幾人

清境茶園的蘇文松記錄老茶師的記錄，製成「製茶口訣」。（作者攝）

坪林依山傍水，宜茶。（作者攝）

優良水質孕育好茶。（作者攝）

農委會茶葉改良場文山分
場扮演了對文山地區茶種
的培育種植角色。
（作者攝）

青心大冇是文山分場主要種植品種。（作者攝）

卡通形象茶壺人 。（作者攝）

優質茶園保有自然清新。（作者攝）

茶園鋪上花生殼以利土壤保濕。（作者攝）

茶園近河床，天然水質供給養分。（作者攝）

清境茶園重視種茶土壤的培育。（作者攝）

石碇東街曾是北臺灣茶葉集散地,圖為石碇溪。(作者攝)

位於深坑的德慶居代表
安溪人早期在此落腳、
開墾茶園的痕跡。
(作者攝)

儒昌茶莊。(作者攝)

百年茶莊「儒昌」掛滿了獲得製茶比賽的一百多張獎狀。（作者攝）

儒昌茶莊負責人王冬水。
（作者攝）

當年作為茉莉花茶的茶樣罐。
（作者攝）

儒昌茶師王冬水在民國五十年獲烏龍茶三
等獎。（作者攝）

儒昌茶莊現今負責人王菊月，手拿民國五十五年冠軍茶茶樣。
（作者攝）

文山堡石碇街當時是全臺灣粗製茶交易中心，這是日據石碇
街的廟前景象。（取自《台灣之茶業》）

石碇國小現場重建。（作者攝）

坪林茶葉博物館已成為坪林茶鄉指標。（作者攝）

粗茶打包，集中放在廟前，孩子站在茶箱上。
（取自《台灣之茶業》）

買茶攤位，茶農輪流擺。（作者攝）

桂花吊橋，映和包種花茶香。（作者攝）

上－獎章背面圖案代表各行各業。（作者攝）
下－獎章正面刻著今日監察院的圖案。（作者攝）

賴全與父親賴添的獎狀。（作者攝）

賴添連續三年得第一！
（作者攝）

賴添連莊！（作者攝）

當時的品評會長是陳朝駿。（作者攝）

217

南港種茶面積少了。（作者攝）

「久年茶」越陳越香！
（作者攝）

古厝荒廢，只剩大茶筒。
（作者攝）

南港包種茶風靡世界！（作者攝）

第六章
教你泡包種茶

第六章 教你泡包種茶

　　包種茶的條索蓬鬆，品用時得注意用量、用器以及水溫。

　　泡茶燒開水本無庸置疑；但溫度高低不同有很大爭議，有學者說包種茶的溫度因受到茶輕發酵必須降溫，才得好滋味。

湯欲嫩不欲老

　　廖寶秀〈宋代喫茶法與茶器之研究〉中說：蔡襄、羅大經都說用瓶煮水，候湯最難，未熟、過熟皆不可，否則影響茶味。「湯欲嫩不欲老」正如國人今日泡半發酵茶如烏龍、鐵觀音等以攝氏九十五度到一百度左右的開水沖泡，茶味才出。爲發酵茶如包種、龍井之類的青茶，則在水沸後，稍候片刻，待其降至攝氏七十五度

左右再予泡開，開水欲嫩不欲老，否則茶味苦澀，此與羅大經說：
「瓶移去火，少待其沸止而瀹之。然後湯適中而茶味甘」的道理是
相通的。

　　學者論茶，以古喻今，卻誤植茶的製法，所延伸的論點受質疑
。廖文指龍井茶和包種茶是「未發酵」的青茶，要水沸後到攝氏
七十五度再泡，那麼茶湯才不欲老，才跟羅大經說「瓶移去火，少
待其沸止而瀹之」的道理相通。事實為何？

　　味茶小集主持人婁子匡和前臺灣省茶業改良廠廠長吳振鐸都曾
表示，品茗用一百度沸水泡茶才得真味，攝氏七十五度的水溫無法
釋出茶香和茶湯真味。

　　同時，包種茶也不是「半發酵」的青茶，正確的說法是「輕發
酵」的青茶。

發酵俗稱「發汗」，是指將揉捻葉呈一定厚度攤放於特定的發酵盤中，查坯中的化學成分在有氧的情況下繼續氧化變色的過程。

發酵的奇妙變化

　　發酵的目的在於使芽葉中的多酚類物質，在腦促作用下產生氧化聚合作用，其他化學成分相應發生變化，使綠色茶坯產生紅變，形成紅茶的色香味品質。發酵時，芽葉中含量最多的茶多酚，在多酚氧化腦的參與下，氧化形成鄰腦，然後氧化生成茶黃素、茶紅素，變化大致按下列方式進行：發酵溫度一般由低至高，然後再降低。當葉溫平穩並開始下降時即為發酵溫度，葉色由綠變黃綠而後呈綠黃，待葉色變成黃紅色，即為發酵適度的色澤。從香氣來說，適度發酵的葉子應具有熟蘋果香，若有餿酸味則表示發酵過度。

　　在學者論述中，常引古借今，古人的經驗固然值得參考，但必

須考慮時空背景，以羅大經說水煮老了，瓶移去火，可以達到讓水適中而茶味甘的效果，但必須知道宋代製茶尚未出現「半發酵」作法，羅大經煮水喝的是蒸青茶磨成的細茶粉，與半發酵茶完全不同。

　　發酵與不發酵對茶湯的影響，其關鍵在於茶葉中的「多酚類化合物」的轉化形式。不同的茶其轉化程度不同。綠茶是一種不發酵的茶，多酚類化合物的含量最少；相反，紅茶是全發酵的茶，多酚類化合物氧化最多；而烏龍茶屬於半發酵的茶，多酚類化合物的氧化程度介於綠茶與紅茶之間。

　　由於製茶中的氧化過程是以腪為主導，因此，抑制或是促進腪作用，是形成各類茶品質特徵不同的關鍵所在。

綠葉鑲紅邊

綠茶的製造採用高溫殺菁，迅速破壞腖的活性，制止多酚類化合物的氧化，保持綠葉清湯的品質特徵；烏龍茶的製造，氧化程度在腖性氧化茶中是最輕的，但與非腖性氧化茶的黑茶相比，仍稍重於黑茶，形成綠葉鑲紅邊的特色。

茶友們請注意：品茗必須站在歷史肩上看世界，才不會人云亦云，到最後不知所云，以春茶系統的包種茶為例：青茶是由福建談縣茶農在1853年在綠茶製法基礎上發展成「青茶製法」，紅綠茶品質兼具了青茶，才能稱為「半發酵茶」。製茶歷史光譜中，1855年以後才出現半發酵茶。宋代有「半發酵」，顯與史實不符。如同廖寶秀將半發酵「包種茶」說成是不發酵茶，進而比擬宋代喫茶法是不妥的。

蓋杯泡包種茶

那麼瞭解茶業歷史以後，還是要進入實務操作裡面。我首推用蓋杯泡包種茶。

蓋杯有不加掩飾的效果。你泡的茶好，茶湯香氣自然流露；你用的茶品質欠佳，蓋杯必然會讓她無醜態盡出。

蓋杯有的稱蓋甌，白瓷素杯最能釋出茶湯原汁原味！詩云「素瓷傳靜夜，芳氣滿閒軒」。就表白了蓋杯瓷傳導茶香散漫的極大功效！

蓋杯略分成大、中、小三款，市場流通有中國景德鎮的燒製的彩繪瓷杯，當然臺灣鶯歌自行開發的蓋杯或以清代、民國時期使用蓋杯型制為仿製，少部分陶藝工作者會以拉坯來創作蓋杯。

蓋杯品茗，可賞包種茶嫩綠百態，也可用來嗅聞淡雅清香，品茶兼賞茶雙趣。

使用蓋杯品茶，一開始接觸茶者無法得心應手。初入門者，可先看試茶者如何以蓋杯試茶，也同時考驗自己的功力。下列技法應注意：

蓋杯和杯使用必須保持潔淨和相當熱度。可用沸水先行澆淋杯體，如同溫壺般溫杯，然後可將適量茶葉放入。

如果沒有蓋杯，如何泡包種茶呢？

泡大壺很方便

泡大壺就是一款好的經驗，這也是一種方便泡法，教你如何用辦公室的杯子泡出專業級水準的茶！

方法是：大茶壺的壺底深，最忌將茶水積壓在內，這很容易造成茶的單寧酸釋出。習慣了泡小壺者忽略這小問題，變大問題！

　　我認為泡大壺茶宜在人多時。當然上述的小問題是可解決的，只要是泡散茶葉必須知道：茶易滋生單寧，必須適切掌握浸泡時間，大壺泡茶最好將第一泡茶湯倒盡，才能防苦味釋出！

　　大壺泡包種茶，可叫茶葉筋骨盡散，揚眉吐氣，散香漫漫，包種茶就是需要你給她寬廣的空間，給她沒有束縛的一切，同時在倒盡茶湯時，最好不要留底，以免苦了下一泡茶，掌握好出水時間，比去挑哪一把大壺來得管用。

　　以壺的材質而言，瓷器為上，吸水率好的茶壺，則易掩去包種茶香。常見臺灣陶瓷創作者，精心雕琢壺作品，只有壺身外上了釉，卻少了壺裡的上釉，結果造成香氣散盡的窘境。

壺中看也要中用

茶具的創作者若只停留為創作性而忽略實用性，那麼以壺為創作素材，必受到侷限性。同時，以壺為創作者，應將自己走入泡茶實際境況，不要只做出中看不中用的壺。

臺灣陶壺創作者基礎好，只是少了對茶專業的研究。

品包種茶貴在香氣，用壺去吸香，敗了茶質，無法彰顯茶香的另外原因是水溫，降溫泡法還不如對煮水注意些，將茶湯煮老再降溫泡茶，難得包種真味！

當然，包種茶的清香之外，你有幸運之神眷顧，喝到包種老茶，那麼泡法就得走進小壺朱泥壺最宜，我有取得包種老茶的經驗。

台北市開封街上的老茶行，李姓老闆曾為日治時期品茶師，負

責挑茶評比，他用當時外銷的杉木箱裝茶，我向他要求買老茶，首先被他回絕，他說「少年仔！年紀輕輕喝什麼老茶？」「胃不好，喝陳茶不傷胃。」我據實以告，他取下箱內老茶，說是有四十年了！我心想，這茶應是自日治時期留下來的，但怎麼等了許久，李老闆就是不倒出茶湯！

我說，茶浸久了會出鹼！他仍緩緩訴說他一生茶故事，直到半小時後才從一缺蓋的壺身中倒出紅潤的茶湯。

他說這是新店產的包種茶，我接入口喝了，並說出那是「小種仔」茶，但不是「孤堆」（單一品種），老茶商一臉狐疑看著我，又拿著樓梯找了一泡茶，再泡，我喝了之後血液加速循環，馬上要他賣給我！

當時是民國七十年，老茶商出價一斤台幣五千元，我一點都不心疼！因為我認為老茶久放，韻味十足；價高，合理！

這是買老包種茶的第一經驗，此後我在坪林茗芬茶莊、三峽茶莊、深坑儒昌茶莊、和南港茶山內部陸續找到老包種茶，每家風韻令我回味無窮。誰說包種茶只有清香，沒有韻味？

品茗用一百度沸水泡茶才得真味。（作者攝）

包種茶的條索蓬鬆，品用時得注意用量、用器以及水溫。

（作者攝）

以壺的材質而言，瓷
器為上。（作者攝）

附錄一　日治時期包種茶台語問答歌謠

(問)在辦生店的店阡做甚貨。

(答)做茶棧

(問)茶棧是在創什麼頭路。

(答)茶販子賣茶賣給重再製造的店、以外俾山頂的茶販子宿。

(問)重再製造烏龍茶的茶館阡做甚貨。

(答)做番莊

(問)包種茶的咧。

(答)阡做舖家。

(問)在茶館及洋樓的中間。在周旋買賣箱茶的人阡做甚貨。

(答)阡做經手人。　（土語阡做牽茶猴）

(問)番莊及舖家攏總有幾間。

(答)番莊有五十二間。舖家有三十八間。

(問)經手人有若多人。

(答)差不多有十五人。

(問)茶棧有幾間。

(答)差不多有百五間。

(問)此內面焙籠堀有幾堀。

(答)有百五個。

(問)一年生茶買有幾袋。

(答)大概買有五千袋。

(問)買何位的茶較多。

(答)買文山堡及新竹樹杞林彼所在的較多。

(問)現時的行情差不多幾元。

(答)扯勻差不多三十元。

(問)彼豈不是銀的行情。

(答)是是。

(問)銀的行情要算做金的行情、要怎樣算。

(答)一百金算七十五斤、一個銀算八角半、所以若是此候三十元、

三十乘七五更再乘八五就變做十九元一角二點半。這就是金的行情

。

(問)茶什麼款的即是上等的。

(答)形狀並並一款、尙、細細、尙無烏烏、色緻好、水色厚、尙、味眞香更有舐的、就是上等的。

(問)買茶的法度是怎麼買。

(答)茶販子早起時能提茶辨來、即就彼茶辨鑑定評價置在、日要暗茶販子能來看價錢、若是好即就如此買賣。

(問)彼個價錢何時即發給伊。

(答)先發單給伊、隔四五日即發現錢換單。

(問)買入來的茶更再怎樣製造。

(答)大先用車箕取置下用篩仔篩、尙即揀、揀了即創俾伊乾。

(問)揀茶的查某自何位來的。

(答)附近的人。

(問)若是如此、進前就約束置在是不。

(答)是是。

(問)另外著是定錢給伊抑免。

(答)不免干乾嘴呼而已。

(問)一個笳簍貯有差不多幾斤茶。

(答)差不多上等的六斤中等的五斤下等的四斤。

(問)揀一簸工錢幾錢。

(答)貳錢。

(問)一日揀差不多有幾簸。

(答)大概七八簸至到十簸。

(問)揀的工錢彼日續發給伊是不。

(答)彼日續發給伊的亦有、尚、半月日發一回的亦有、無定著。

(問)要焙俾乾的時候的焙籠的溫度差不多幾度。

(答)大概九十五六度、厝內差不多四十二三度。

(問)焙爐的內面火炭貯差不多有若多斤。

(答)平均差不多是一百斤。

(問)就彼等火有可焙得幾日。

(答)差不多十七八日。

(問)要焙俾乾的時間差不多幾點鐘？

(答)差不多八點鐘到八點半鐘。

(問)要焙俾乾的時候、著注意的事情是甚麼事情。

(答)火著齊勻、佾、火不可太炎即好。

(問)焙乾的茶要怎樣。

(答)佾即搬去堆房。

(問)拌要怎樣拌。

(答)焙乾的茶即愈披俾開愈用鐵搭扒落去拌伴好。

(問)尚即怎樣。

(答)佾即裝落去箱裡。

(問)裝的法度甚款。

(答)無甚麼各樣的法度、只是秤三十斤三十斤入落去箱裡、佾即創鉛粘。佾即蓋蓋。

(問)尚即怎樣。

(答)茶館就如此提去洋館。

(問)茶工自何位倩來的。

(答)簸簸箕的及揀茶的茶工是臺灣人彼自街內倩來的、焙茶的頭手

及以外二三個是唐山人、其他是本地人。

(問)若是如此、是從頂年就契約置在是不。

(答)是是、大概從前年茶做息的時候契約置在。

(問)辛金差不多若多。

(答)在做茶的中間差不多臺灣人五十元、唐山人八十元、彼內面頭手一百元至二百元。

(問)此內面茶工有若多人。

(答)差不多有二十人。

(問)彼內面焙茶的咧。

(答)六個。

(問)焙茶暝日皆皆有焙是不。

(答)是是。

(問)粗製茶一百斤、再製茶做得幾十斤。

(答)差不多上等的八十金、枝及簸出去的葉十斤、茶末一斤。

(問)賣給洋行的茶專專上等茶是不。

(答)不是簸出去的葉創俾幼幼、尚茶粉透加二落去。

(問)一個人裝三十斤箱裝得幾腳。

(答)裝得三四十腳。

(問)有用茭織蓆包無。

(答)這洋行創的較多。

(問)三十斤箱一箱、包裝的錢差不多幾角。

(答)差不多三角。

(問)其中隨項算怎樣算。

(答)茭織蓆角六、商標五錢、工錢及籐錢九錢。

(問)頂年及今年的茶的景況甚款。

(答)今年較好的款。

(問)上等茶銷多無。

(答)下等茶較有銷。

(問)怎樣。

(答)洋行買較多。

(問)若是如此、下等茶不較貴嘮。

(答)是是。

(問)比項年差不不加貴若多。

(答)差不多加貴四五元。

(問)若如此、比一月前有較賤嘮口。

(答)是是。山頂猶原亦貴是不。

是是。在彼是難買。

(問)機器做的茶有出淡薄仔無。

(答)卻有出淡薄仔的款、總是尙少所以無甚知。

(問)機器做的好是不。

(答)結束結束形狀好款。

若如此、價錢不較貴。雖然加貴一二元、亦眞好賣。

粗製茶一百斤要更再製造、所費差不多著若多。

工錢二角、揀的錢四角、焙俾乾的所費差不多著四角六。

(問)箱錢幾角。

(答)一箱置飾好好的著七角半。

(問)入十五斤的咧。

(答)入三十斤的七折。

(問)若干乾箱幾角。

(答)差不多三角。

(問)近來鉛豈無較貴。

(答)少可較貴。

(問)福州板及日本板一號較好。

(答)日本板較勇。

(問)箱的重有一定無。

(答)在洋行做十一斤半在算。

(問)貯三十斤的一腳、運到洋行工錢著幾錢。

(答)一腳五厘。

(問)要賣洋行著怎樣。

(答)早起時提茶辦去。

(問)自己提去是不。

(答)經手人提去。

(問)定價數要按怎定。

(答)經手人能來通知、即及伊契約。

（問）尚即挑實物去是不。

（答）是是。

（問）價錢何時即提。

（答）大概一禮拜後。

（問）衝包種茶的花是甚麼花及甚麼花。

（答）黃枝、茉莉、秀英、樹蘭。

（問）自何位買的。

（答）黃枝自下崁庄、秀英自三重埔買的。

（問）甚麼花第一多。

（答）第一黃枝花、更落去茉莉。

（問）現時在買的價數差不多幾元。

（答）大概黃枝三元、茉莉十八元。

（問）尚、彼二項甚款。

（答）秀英二十八元、樹蘭較賤五六元。

（問）若如此、此滿是較貴亦是較賤。

（答）有較賤。

(問)及舊年並甚款。

(答)舊年較差。

(問)怎樣今年較賤。

(答)因為花較多。

(問)花大概幾點的時候挑來。

(答)大概下晡暗時七點起至到十點來。

(問)日時有挑來無。

(答)樹蘭花日時預先挑來。

(問)黃枝甚款。

(答)日時來的亦有、不拘彼較無香

(問)按怎樣。

(答)彼是早起時早挽的花有露水所以較無香。

(問)若如此、雨天來挽的不就不好。

(答)是是。

(問)花開透透的較好是不。

(答)不是不是、少可即開的較好。

(問)買花有預先契約置在無。

(答)前年十一月的時候、與伊講花要買若多約束置在、平常是如此。約束的食後著定錢給伊抑免。大概照所按質的價數提加一給伊亦有。

(問)有人無約束無。

(答)彼亦有。

(問)若是如此、何一款較好。

(答)契約置在較穩當。

(問)錢何時給伊。

(答)大概開一張記斤聲及價數的單給伊、一月日過錢即給伊。

(問)花一般是太多抑是少。

(答)啊、少。

(問)今年包種茶的景況甚款。

(答)及頂年無甚各樣。

(問)茶揀了要焙俾乾差不多著幾點鐘。

(答)大概二點半鐘。

(問)溫度比烏龍茶的時候較高無。

(答)高一二度。

(問)彼號焙乾的茶即怎樣。

(答)即及花拌。

(問)茶一百斤拌差不多幾斤花。

(答)看甚款的花無相同、大概黃枝一百斤秀英二十五斤茉莉三十斤樹蘭七十斤。

(問)拌的法度甚款。

(答)黃枝花青的所在挽起來、彼邊頭即置茶創俾平平、尚即彼面頂愈沃水愈拌、花披俾開開、即更沃水拌俾齊齊、彼面頂即蓋斤仔置在。

(問)另外有甚法度無。

(答)有、亦有人將以前拌彼等圍置竹網的內面。

(問)用何一款的較多。

(答)起頭彼款要創較多較利便所以較多人用。拌了的暗時有更拌無。

(答)有、大概更拌二回。

(問)有茶及花摻摻彼置在的法度無。

(答)有。

(問)及以前的法度比何一款較好。

(答)此回的法度較好。

(問)若如此、比個法度多人用是不。

(答)此個法度較費氣較少人用。

(問)秀英及茉莉花甚款。

(答)此號花就買來如此用、總是花若是荅、且置在俾伊適適即在開的時候、即親像黃枝花的款拌。

(問)樹蘭花怎樣創。

(答)這有掛枝來、所以著用手抑是腳將揀枝起來、置一荅仔久即拌落去。

(問)拌的法度甚款。

(答)無怎樣各樣。

(問)拌的時間差不多幾點鐘。

(答)茉莉十七點鐘、秀英十二點鐘。

黃枝二十四點鐘、樹蘭七點鐘。

(問)若拌了即怎樣創。

(答)即揀花。

(問)揀一簸幾錢。

(答)二錢。

(問)一日揀差不多幾簸。

(答)六七簸。

(問)若如此、揀茶較有趁嗎。

(答)是是。

(問)既若較好、那不去揀茶。

(答)彼是因爲揀花不是歸日。

(問)揀花怎樣揀。

(答)或是用手揀、或是用篩仔簸。

(問)花揀了即怎樣。

(答)即焙俾乾。

(問)差不多著幾點鐘。

(答)大概二點半鐘至到三點鐘。

(問)溫度幾度。

(答)及以前的無各樣。

(問)焙該即怎樣。

(答)即搬去堆房。

(問)配合及烏龍茶的時候相同是不。

(答)是是。

包紙是包的亦是怎樣。

(問)一包有定著幾錢在。

(答)一百包八錢。

(問)一個稱的、差不多幾個包的即適好。

(答)大概三個。

(問)跟在包工彼個囝仔、猶原在在八錢的內面是不。

(答)彼個是另外倩的。

(問)一個人一日包得幾百包。

(答)平均差不多二千包。

(問)紙何位買來的。

(答)支那及內地買來的。

(問)何一位買來的較多。

(答)近來內地買來的較多。

(問)一萬張差不多幾元。

(答)大概到二十四五元。

(問)何位印的。

(答)住此店面俾伊在印。

(問)一萬張印工著幾元。

(答)是看一色幾錢大概一色七角銀。

(問)若如此、印一萬張攏總著幾元。

(答)大概著四元半。

(問)一腳箱裝幾包。

(答)一百包。

(問)箱一腳幾角。

(答)差不多九角半。

(問)裝落去箱裡了後有用竹篾包裝無。

(答)有。

(問)一箱幾錢。

(答)差不多角半銀。

(問)一個人一日包得幾腳。

(答)差不多二十五腳。

(問)運去到爪哇一百斤工錢若多。

(答)大稻埕苦力錢六錢。

大稻埕到基隆火車錢三角八。

基隆運去到爪哇工錢一元五角二。

海面保險的錢角四。

如此而已。

資料來源：《臺灣茶業用語》

FORMOSA TEA

定價／220元

台灣茶街

池宗憲◆著

歷史，是遙遠的、冰冷的。
然而，透過作者的文字與圖像解說，
沉睡的記憶於是醒了過來，
想像就有了聲音、畫面，歷史就變得親切。
台灣茶街說歷史、說人物、說典故、說文化、說記憶……
親近茶街，
親近屬於台灣的一頁懷舊記憶。

台北市市長 馬英九
文建會主委 陳郁秀   聯合推薦
前農委會主委 范振宗

FORMOSA TEA

茶 風系列

定價／250元

鐵觀音

池宗憲◆著

　　這是華人地區，橫跨兩岸三地，
　第一本以單一茶種名稱「鐵觀音」出版的專書！
　「鐵觀音」的出現，參揉了中國民間純厚的信仰和崇敬，
　　　一位來自撫慰信眾心底不平的神　觀音，
竟落入凡間，成為品茗的符碼，這應該在寰宇大地時空交錯中，
　　一段溫柔的情事，一種常民文化反哺和信仰構連的親切！
將「觀音」泡來喝？這種情境，不正是屬於人神共趣的第一次相遇，
　　也彰顯了茶成為國飲，成為東方世界無限魅力的泉源。

國家圖書館出版品預行編目資料

包種茶／池宗憲著．
第一版－－台北市：宇炯文化出版；
紅螞蟻圖書發行，2003〔民92〕
面　　　公分，－－(茶風系列；06)
ISBN 957-659-399-9(平裝)

1.茶 2.茶製造
434.81　　　　　　　　　92016352

茶風系列 06

包種茶

作　　者／池宗憲
發 行 人／賴秀珍
榮譽總監／張錦基
總 編 輯／何南輝
文字編輯／詹立群
美術編輯／林美琪
出　　版／宇炯文化出版有限公司
發　　行／紅螞蟻圖書有限公司
地　　址／台北市內湖區舊宗路二段 121 巷 28 號 4F
郵撥帳號／ 1604621-1　紅螞蟻圖書有限公司
電　　話／(02)2795-3656 (代表號)
傳　　眞／(02)2795-4100
登 記 證／局版北市業字第 1446 號
法律顧問／通律法律事務所　楊永成律師
印 刷 廠／鴻運彩色印刷有限公司
電　　話／(02)2985-8985 · 2989-5345
出版日期／ 2003 年 10 月　第一版第一刷

定價 250 元
ISBN 957-659-399-9　　　　　　　　　Printed in Taiwan